［美］玛丽亚·尼梅斯

著

《掌握生命的能量》项目组

译

迈向
明朗人生的
简单步骤

掌握生命的
能量

Mastering Life's Energies

Simple Steps to a Luminous Life
at Work and Play

上海教育出版社

中文版
序言
PREFACE

作为作者，能够看到自己的作品经过翻译得以传播至更广泛的读者群体，我深感荣幸。《掌握生命的能量》中文版拥有一支卓越的翻译团队：陈蒙、胡越、李翘楚、马利波、田志琴、奚雯雨、尹姝亚、宇格萱、袁融、张潇冉、张欣玮、张一。在翻译的过程中，他们倾注了大量的时间和精力，以确保本书的内容和思想能够准确无误地传递给更多的读者。为了能够忠实地呈现原著，他们不知疲倦地工作，每个章节都与英文版严丝合缝。我保证，你在阅读本书时，一定能感受到翻译团队精湛的工作成果，以及书中所蕴含的深远力量与意义。

与成千上万渴望为自己及周围人创造明朗人生的人交流与合作之后，我写了《掌握生命的能量》这本书。以下是我的感悟：

我们每个人都值得过上充满意义和目标感的生活，而实现这一切所需要的能量完全掌握在我们自己手中。我所指的能量包括金钱、时间、精力、创造力、愉悦和人际关系。我们可以觉醒并且学会聚集这些能量，用它们去创造我们来到这个世界上本应拥有的精彩人生。否则，我们会因无法有效运用这些能量而感到挫败和遗憾。

多年来，人们常常问我为什么要教导他人如何过上明朗的人生。简而言之，"明朗"意味着"充满光亮"。拥有明朗人生，意味着过上一种充满光亮的生活。在这种生活方式的指引下，我们的价值观与行动和谐一致，它照亮了人生前行的道路。换句话说，我们知道自己想要什么，并且能够以清晰、专注、从容和感恩的方式去实现它。

总而言之，明朗的人生充满了智慧与慈悲，不仅让我们自身受益，也积极影响着我们的家庭、朋友、工作、社区和世界。

在你继续阅读本书时，我强烈建议你留出足够的时间，去深入体会其中的精髓。我向你保证，通过这本精彩译作的引领，你也将迈向无比明朗的生活！

玛丽亚·尼梅斯

2024 年 10 月

目录
CONTENTS

引　言　　　　　　　　　　　　　　　　　　　001
你这一生要完成的功课是什么？

第一步　收获清晰

第一章　明朗地活着　　　　　　　　　　　007
你愿意以清晰、专注、从容和感恩的方式生活吗？

来自明朗之境的呼唤　　　　　　　　　　　011

快乐时刻与明朗时刻的区别　　　　　　　　013

不在于做了多少，而在于做了什么　　　　　016

成功与明朗之境：只是技能问题而已　　　　021

无论如何，我愿意　　　　　　　　　　　　023

第二章　在迷雾中驾驶　　027

如果想在生活中获得清晰,首先必须明确你的生命中何处缺乏清晰。

迷雾的本质　　031

走出迷雾的方法　　035

第三章　值得一玩的游戏　　041

当你学会创造值得一玩的游戏、设定值得追求的目标时,你会收获明朗的人生。

组成值得一玩的游戏的元素　　044

障碍为何重要?　　045

通往明朗之境的游戏　　047

目标　　049

游戏场地　　051

物理空间　　052

想象空间　　056

我们为何同时需要物理空间和想象空间?　　058

第四章　边界困难　　061

在现实世界中,实现你的梦想和想法需要跨越理想与现实的分界线。

现实生活中的边界困难　　062

心猿:忠实的对手　　067

如何区分你的心猿之声和智慧之声　　071

第二步 强化专注

第五章 你已经是自己愿意成为的人 079

人生意愿是你专注和明朗行动的蓝图。

带上人生意愿清单 081

激活你的人生意愿 085

放宽心,你永远都无法充分实现自己的潜能 089

熟悉你的人生意愿 091

第六章 品格标准 093

你如何去做比你做什么更重要。

英雄惜英雄 095

在对他人的仰慕里看见自己 097

你的明朗值 101

本体论:真正的你,是谁 104

第七章 选择你自己的结论 111

为你在意的结论收集证据能使你的行动变得
有效。

你没有必要改变自己的想法(即使你可以
改变) 113

先入为主的结论 115

大脑比我们想象中的更具可塑性 124

第三步 享受从容

第八章 你关注的是什么? 129

想要从容不迫地专注做事,你需要懂得转移你的
注意力。

本体论结论带来明朗的体验 131

心理学和本体论并不矛盾 132

本体论问题 135

从本体论角度看待他人 137

另一个视角——冥想 144

第九章 能量的效率 147

你可以掌控金钱、时间、精力、创造力、愉悦和人
际关系的能量。

成为一条有觉察力的能量管道 150

金钱的能量 153

时间的能量 157

精力的能量 159

愉悦的能量 165

人际关系的能量 167

创造力的能量 169

是时候创造一个游戏了 171

第十章　关键在于如何玩游戏　175
每个成功的游戏都有五个阶段。

当从容来得并不容易时　177

第一个阶段：创造　180

第二个阶段：升空　183

第三个阶段：惯性　192

第四个阶段：稳定　195

第五个阶段：突破　198

第十一章　整合归一　201
通过每天去做对你而言最重要的事情来保持
自洽。

自洽是通向明朗之境的大门；不自洽则是
用力将门关上　204

你、明朗之境和全息生活　210

获得自洽　215

自洽的日常练习　219

第四步　培养感恩

第十二章　明朗之境的精神性　225
通过表示愿意和感谢来对你的精神表示尊敬。

精神原则：只要你用它，它就会有用……
但怎么用呢？　228

明朗之境的道路将我们引领至此 242

致　谢 247

参考文献 249

引言

你这一生要完成的功课是什么？

> 我相信相比于寻找生命的意义，人们更看重的是鲜活的生命体验。
>
> ——约瑟夫·坎贝尔（Joseph Campbell）

我们都渴望抓住那些让我们兴奋的想法，然后付诸行动去实现它们。我们知道，在某种程度上，那些最令人欣喜万分的想法是我们重要的一部分，甚至更确切地说，它们其实就是我们。

那些启发我们的思想、梦想和目标，同时也清楚地表明了我们将要作出什么样的贡献——只有我们才能作出的贡献。投身于它们，我们将体会到清晰和能量；倾听它们，我们将看到自己的内在本自具足，只待被展现。

很多时候，我们迷失了自己的目标和梦想，或者我们花了太多时间去分析为什么总是事与愿违或前景迷茫。也有人发现，成功并非人们所说的那样。我们可能已经取得了很多成就，但身心俱疲或心烦意乱，以至于无法享受我们的生活。

以上这些我都经历过。我有超过 25 年①的经验，结识并且帮助了上万名有过类似经历的人，他们中有领导者、教师、牧师、企业家、内科医生、人生教练、治疗专家、学生、母亲、父亲和朋友。他们每个人都想知道：我这一生要完成的功课是什么？

我们感兴趣的问题塑造了我们的生活。在这本书里，我们将探索这些问题，并带领你一起更轻松地去找到一些答案。你会听到一些人的声音，这些人已经在应用你将要学习的原则，不过你将学习的主要是听你自己清晰、明亮、睿智的声音。当你这样做时，你将与你的能量建立或重新建立连接，这会帮助你活出你本该有的生活。你将学会将金钱、时间、精力、创造力、愉悦和人际关系这几种能量用于你真正想要的东西上的方法。你将学会每天在工作和娱乐中创造奇迹。

薇拉·凯瑟（Willa Cather）在她的小说《大主教之死》（*Death Comes for the Archbishop*）中谈到了这一点："奇迹……与其说是建立在远方突然降临的面孔、声音或治愈的力量之上，不如说是来源于我们更细腻的感知，以至于有

---

① 相对于原著出版时间而言。——译者注

那么一刻,我们的眼睛可以看到、我们的耳朵可以听到周围始终一直存在的东西。"[1]

当你探索这些方法时,你将学会收获清晰、强化专注、享受从容和培养感恩。你只需要带着一个找到并实现梦想和目标的愿望,以及笔、纸和几张长宽比5：3的卡片。

如果你像我一样也在邮箱中接收广告,那你可能已经看到了一个不同寻常的系统唤醒广告。它是一个放在基座上的地球仪,不会发出烦人的嗡嗡声或音乐声,而是用光唤醒你。这种光开始很暗,然后逐渐增强,直到它接近太阳光的亮度,那是一种明朗的状态。我希望你在本书中读到的内容也对你有相同的作用。愿你通过掌握生命的能量来唤醒你的明朗之境,愿你的眼睛看到、你的耳朵听到你周围和你内心始终不变的东西。

第一步

收获清晰

第一章　明朗地活着

第二章　在迷雾中驾驶

第三章　值得一玩的游戏

第四章　边界困难

第一章

明朗地活着

你愿意以清晰、专注、从容和感恩的方式生活吗？

20 年后，比起已做之事，你将对未做之事感到更为失望。

——马克·吐温（Mark Twain）

《因卡塔词典》（*Encarta Dictionary*）将 luminous 定义为"发出或反射光芒的、极为鲜亮的、熠熠生辉的、鼓舞人心的、辉煌的、令人惊叹的、壮观的"。

明朗的体验不会在我们思考如何生活的时候出现，而只会在我们全身心投入现实生活的时候出现。明朗之境（luminosity）的体验源于那些我们带着清晰、专注、从容和感恩去做的事情。清晰（clarity），指的是清楚地看到生命中真正重要的事情，例如创造值得一玩的游戏和设定值得追求的目标；专注（focus），指的是将我们的能量和注意力转移至心之所向；从容（ease），指的是在我们勇敢追逐梦想时,能够多一份平静优雅而非痛苦挣扎;感恩(grace),指的是持续保持感恩的心态,并使用精神原则(spiritual principles)来始终意识到一切安好。

我要强调的是,明朗之境是将清晰、专注、从容和感恩付诸行动。它无法产生于心理层面的洞察或分析,它是鲜活的。在明朗之境中,倘若生命像风一般吹过,人们不会急着去梳理被吹乱的头发,而是会任由清风拂面,气爽神清。

我的朋友艾梅在40岁生日那天体验了一次来自明朗之境的有力呼唤。她当时正坐在桌边,品尝着卡布奇诺和橘子酱可颂面包。

"当时我在一家本地的咖啡馆,独自坐在喜欢的位置上,读着一本关于反思自己人生的书。书里的一个问题久久萦绕:你希望人们如何记住你?这个问题让我忽然明白,我并不知道人们会怎样评价我。然后我意识到一个我不想让它发生的事情,鉴于我常跟朋友们聊的那些事儿,他们可能会在我的墓碑上这样写:'艾梅在此处长眠,她有很多困扰。'我可不想墓碑上写着这个。我想要更多的一些东西。"

明朗之境,就是关于"更多的东西"。明朗之境是一种做个深呼吸,自己知道一切安好的感觉;是一种不用精疲力尽来取得成功的感觉;是一种找到你内在的慈悲心并看清这一生自己真正想要什么的感觉——不是你需要做什么,也不是你应该做什么,而是你真正渴望做什么。

我知道艾梅提到的"困扰"指的是什么。作为一名临床心理学家,我接受过多种心理治疗方法的训练,其中之一就是精神分析:连续 10 年,每周 3 次,躺在诊室的沙发上,不停地说着自己的困扰。坦白地说,虽然我在这个过程中确实有很多发现,也因此没那么焦虑了,更加心平气和,但同时这些被我发现的问题和困境也在消耗着我的注意力。当跟朋友们聊起我想要做什么的时候,我总是在说这些问题和困境。我一直没有认识到,不断地分析自身的问题并不是关键所在。

在快到 40 岁的时候,我开始焦躁不安,我厌倦了自己思考和谈论生活的方式。在 20 世纪 80 年代初期,我参加了一系列关于自我提升的讲座。突然脑子里灵光一现,我领悟到了一种全新的思维方式。这种思维方式不是基于分析和诊断我们自身的问题,我们不去纠结过去为什么那么做,而是更加关注如何度过自己的人生。我发现其实每个人都渴望活出价值,都想看到自己的人生价值能让世界有所不同。

即便如此,我也没有达到明朗之境。我凭借自己所学,一门心思地追逐目标和梦想,但有些走过了头。在一段时间之后,我意识到自己变成了我的朋友埃莉所说的那种"成功体"。我成了一个会动、会说话的"成功机器"。我做了很多事,越走越远,越走越快,一直在提高着标准,不断地证明着自己。我和其他成功人士进行比较,却总是比不过。可能你从来没有这样做过吧,还是你也这样做过?

这种行为的结果就是,我达成了目标,却总是精疲力尽,无法享受自己的成就;我不断寻找下一个目标,却总是忽略眼前的事情。一切变得毫无乐趣。

我们教给别人的确实也正是自己所需要学习的。比如说,我的另一本书《金钱的能量》(The Energy of Money),就是在帮助人们以符合精神原则的方式去使用金钱,由内而外地实现富足。[1] 这本书的灵感源于我的一次错误的投资决定,在那之后的很多年里,我持续将这些关于金钱的原则分享给他人,帮助他们避免重蹈覆辙。

现在,我正在学习明朗之境,即使写这本书时也依然在学。明朗之境意味着去过你想要过的生活,并且无须累垮自己,或令身边的人抓狂。我荣幸地和大约 5 万人一起学习明朗之境。他们的年龄、背景各不相同,其中有牧师、百万富翁、导师、学生、护士等。他们在过去 20 年里曾听过我的讲座。你将在这本书里读到他们的故事,以及这些故事中所蕴含的活出明朗生活的原则。

明朗的生活并不是可预测的,也不是精细包装好的。在比尔·莫耶斯(Bill Moyers)与约瑟夫·坎贝尔之间的有关英雄之旅的一系列著名访谈中,坎贝尔谈到了人生的变幻莫测,以及预知未来会发生什么是多么困难。[2] 事实上,人生令人费解,事情也并非总有意义。坎贝尔讲了一个故事,故事有关亚瑟王的骑士们寻找藏于黑暗森林里的圣杯。

每个骑士都必须在对自己而言最黑暗的地方进入森林，那里没有路。坎贝尔说，这样做的原因很简单：如果你能看到前方有条路，那说明这不是你的道路，而是前人走过的路。

在系列访谈中，坎贝尔曾说，只有当我们对人生的经历进行回顾时，我们才会明白不同事情之间是如何相辅相成的，也开始理解当时作出某种选择的原因。[3] 我们可能会对自己说："哦，原来那就是我搬家到西雅图的原因。"或者："现在我明白了，在那个时间节点上认识汤姆是件多么幸运的事情。"回首之际，我们会对事件之间的连贯性有所理解。

想象一下，你暂停脚步，回望自己的英雄之路。你看到沿路挂满了美丽的灯笼，就是那种人们在夏季会挂在树间的灯笼，每个灯笼所投射出的金色光芒都照亮了你的一段旅程。继续看，你发现不论当时天空是湛蓝明媚还是灰暗阴沉，这些灯笼都始终如一地闪耀。即使在迷雾中，你仍然能看到灯笼的温暖光芒。**现在**，想象每盏灯笼都代表着你人生中用心创造的明朗时刻，回首之时，该是多么令人欣喜！那时你会由衷地感叹："人生真美好！"

来自明朗之境的呼唤

你值得拥有自己想要的生活，并且也拥有实现它的能量。是时候把能量聚集起来，不再继续浪费了。这里的能量是指你的金钱（money）、时间（time）、精力（physical vitality）、创造力（creativity）、愉悦（enjoyment）和人际关系（relationships）。所有这些不同形式的能量你我都能够学会用来追求我们真正想要的东西。我们可以选择掌握和运用这些能量，当然也可以选择在持续的沮丧中踯躅不前。

明朗之境会为你召唤出光明。我们所有人都渴望拥有这样的时刻：沐浴在光明中，迎接无限的可能性。我们希望真切地看到、听到已经存在的一切。

明朗之境也意味着向光前行，全心爱着光明，一点都不用去想要如何逃离黑暗。我已经明白，无论我想要逃离什么事物，它只会紧咬着我的脚后跟，如影随形。相比之下，向光前行会让人更有希望。这么做消耗的能量会更少，也会更有乐趣。

没错，乐趣！有位朋友曾经跟我说："我也想被启迪，但不想那么沉重，'启迪'听着太严肃了。我就不能单纯地享受点儿乐趣吗？"（答案是：当然可以。）

你需要勇气，才能停止苛责自己、他人或工作环境，转移注意力并化抱怨为贡献。专注于梦想比专注于困境更需要胆量。你可能会担心，如果没有注意自己或他人的缺点，可能就会出问题。你也许已经很习惯盯着问题并为此惆怅，迟迟不愿把它们抛开。后面，我们会共同探究其中的原因，我也会告诉你如何战胜这样的焦虑，如何向着明朗之境前行。

但现在,请先问自己:"我愿意活得更轻松一些吗? 愿意有更多乐趣吗?"这样的问题难免让我们产生戒备,你可能会想:"这个问题中有什么猫腻?"或是:"这怎么能适用于我的工作?"试着习惯吧。在这本书里,我还会再继续问你的。

快乐时刻与明朗时刻的区别

快乐时刻(happy moments)与明朗时刻(luminous moments)是不同的。在明朗之境中,人也会感受到快乐,但是我们在这里定义的明朗时刻包含专注的行动。

快乐时刻可能是这样的:我8岁的时候,我母亲开着一家面包店。有一天,面包师傅做了一桶黑巧克力糖霜,那桶足足有3英尺①高,里面的糖霜苦中带甜,味道刚刚好。为做出这些糖霜,师傅大约用了10磅②黄油和香草,香气充斥着整个面包店。可惜,面包烤过头了,不能用了。那桶温热的黑巧克力糖霜就这样放在厨房地板上,没了用处,上面还点缀着微微融化的黄油。我在旁边,感觉它仿佛在呼唤着我。我抬头,母亲正看着我,眼里荡漾着笑意。她像是读懂了我的心思,说道:"快去吃吧!"于是,我把胳膊伸进了

---

① 3英尺大约为0.91米。——译者注
② 10磅大约为4.54千克。——译者注

温暖甜蜜的黑巧克力里，糖霜从我的指间滑过，然后我把手臂从柔软的糖霜里抽出来，美滋滋地舔了起来。之后的两天里，我的手臂都散发着香醇的黄油味。

明朗时刻看起来更像是这样的：我12岁那年，在面包店打工，存下了20美元。那年的母亲节，我坐公交车到商场给母亲买礼物。我看中了一枚形状酷似一捆小麦的镀金别针，别针售价19.95美元。我掏出钱买下了它，第二天送给了母亲。我有点紧张，因为那是我第一次给母亲买礼物，要是她不喜欢怎么办？母亲打开包装，看到别针，脸上露出了笑容。她告诉我，这真是个完美的礼物，还夸奖这个礼物非常有创意，因为小麦让她想到了烘焙。我快乐得要飞起来了！我感到十分骄傲！

半个世纪过去了，母亲早已过世。多年前，我家发生了入室偷盗，母亲所拥有的大多数珠宝首饰都失窃了，除了那枚小麦形状的镀金别针。这枚别针陪我度过了这些年的人生起落，也始终提醒着我，在那一天我是如何给母亲带来了快乐。

快乐时刻和明朗时刻之间的区别在于：明朗时刻是你对自己认为重要的事采取了行动的时刻。在前面所介绍的快乐时刻的场景中，我很享受那美味温暖的糖霜将我的手臂包裹的感觉，我身处对的时间、对的地点，并且从母亲的眼神中看出她对我的爱，但是在明朗时刻的场景中，我知道母亲感受到了我对她的爱。我采取了一个专注的行动，向母亲展示她对我是多么珍贵。当你从内心深处感到要做一件事并将它在现实世界中实现时,明朗时刻就会出现。当然,实现内心所想需要专注的能量,甚至可能会有风险,因为你可能会失败。

回想一下过往的美好时刻,那些你会称之为"最美好"的时刻。当时,你在哪儿? 你在做什么? 最关键的问题就是:你当时正在做什么?

你或许在写书、在辅导后辈、在创作乐曲,又或许在和孩子进行竹筏漂流、打理花园、与患者或客户交谈、为朋友做饭、安慰家人等。也可能是在某个时刻,你打电话给朋友,只为了说你爱他们,欣赏他们。

作为行动的结果,你可能会体验到一种常与明朗时刻联系起来的特质。无论你当时正在做什么,都请审视那一瞬间的特质。或许你感受到的是以下这些特质:

- 你看到人生的可能性在向你开放,生活在说"是",而不是"否"。
- 在令人困惑的情势中你看见了希望。
- 对之前似乎无解的问题你有了答案。
- 你知道自己有足够的能力来迎接眼前的挑战与冒险。
- 即使身处变化的旋涡之中,你也能沉心静气,全神贯注。
- 你将面前的阻碍视作发展新技能的机会。

- 你认识到自己此时此地在做注定要做的事情。

- 你感恩"活着"，知道自己正在过属于自己的人生，而不是活给其他人看。

- 你欣赏万物，乐在当下，无论是对花的颜色、人的笑声，还是湿漉漉的草地所散发出的香气，你都是如此。

- 你对待他人充满慈悲和同理心，你慷慨的本性被唤醒，你衷心希望看到他人诸事顺遂。

- 你知道一切安好。

当看到母亲因我送的镀金别针而绽放笑容时，我欣喜不已。我很骄傲自己能为了这件首饰去应对一些挑战。我存了钱，生平第一次自己坐公交车，这些对当时的我而言并非易事。

如今，每当我参加有挑战性的会议或作演讲而感到不够自信的时候，我便会佩戴这枚别针。它总能让我想起那段选定目标、专注行动、勇担风险并且最终如愿以偿的经历。

不在于做了多少，而在于做了什么

我一度雄心勃勃，奔波劳碌。爱我的人们常说我的生活让他们头晕目眩。我生来就精力充沛，但我之所以每日奔忙，是因为没能意识到这个区别：忙碌的生活并不等同于成功的生活。有很多事情做并不意味着有成就。有时，你甚至可能在做完"大工程"之后反而比没做之前感觉更疲倦、烦躁和空虚。

我想请你来考虑接受一个不同的关于成功的定义：成功是带着清晰、专注、从容和感恩，始终如一地去做自己承诺要做的事情。从这个定义来看，成功是一项内在的工作。你不与他人比较，甚至不去想你所做的事情是大是小。相反，你观察的是你自己的行动和经历的质量。成功无关乎是否拖着自己跨越终点线或攀登上山峰。

提到山，我想说个自己的故事。大约 2 年前，我与 7 位朋友一起徒步旅行至大峡谷（Grand Canyon）谷底。当时正值酷暑，谷底的幻影牧场（Phantom Ranch）温度高达 118 华氏度①。深入峡谷的过程，好似穿越历史，阅读地球母亲的自传。岩层先是粉色，接着变成红色，之后颜色渐深。岩体绵延而磅礴，已在此伫立了 10 亿余年，看起来像是经历了上百万次大火的炙烤。谷底像是个对流式烤箱，即便是在日落之后许久，仍然能够感受到岩石所散发出的阵阵热浪。在夏天的夜晚，峡谷最低的温度也将近 90 华氏度②。

我当时的目标是徒步到大峡谷谷底，再体面地返回。我不想像 3 年前那样，想着速战速决，最后却只能连滚带爬

---

①　118 华氏度大约为 47.78 摄氏度。——译者注
②　90 华氏度大约为 32.22 摄氏度。——译者注

地惨淡收尾。

这次，在凯巴布步道（Kaibab Trail）走到一半时，我意识到登山靴太旧了，已经无法支撑我的双脚，我每走一步，靴子就会磨到脚指头。经常徒步的朋友都知道，这样走 1英里①都是非常痛苦的，更何况走 8 英里②的下坡路，那简直像酷刑一般！在谷底，当我脱下靴子看到水泡时，我知道自己的 4 个脚指甲可能不保了。

在那种情形下，我是怎么做到清晰、专注、从容和感恩的呢？

那天的返程长达 14 个小时。其实一般情况下，只要稍微加把劲，走完这段路 8 个小时足矣。我的两个朋友忙于赶路，不到 5 个小时就走完了全程。其他人则决定不那么拼命，打算边走边休息。我们带着玩具水枪，有人经过时，我们就一阵扫射，然后再跟他们聊天说笑。这样挺好的，因为峡谷里的温度很快就会超过 100 华氏度③，大家都需要凉快凉快。这也帮我转移了注意力，让我不必一直想着我疼痛的脚指头！与此同时，每当我们驻足休息时，便有了认真欣赏岩体的机会。

当然，不论你如何看待，痛就是痛，但这次我没有一味地抱怨。我没有和那些更快到达终点的徒步者比较。我不

---

① 1 英里大约为 1.61 千米。——译者注
② 8 英里大约为 12.87 千米。——译者注
③ 100 华氏度大约为 37.78 摄氏度。——译者注

紧不慢地走完了那条路，一次一小步，最终带着微笑和尊严到达了谷顶，尽管我失去了 4 个脚指甲。

在忙碌的生活中，我们很难感受到清晰、专注、从容和感恩，因为纷纷扰扰中没有它们的容身之所。短暂的兴奋之后，通常是长期持续的疲惫，我称之为"忙碌成瘾"。我之所以这么说，是因为只要一谈到要在生活中采取行动，我们中有些人就会开始呼吸急促，觉得这意味着我们需要变得更加忙碌，每天未完成的事项清单只会变得更长。可事实是，清晰、专注、从容和感恩的原则只会减少我们活动的数量，因为我们的行动会变得更有目的性。

因此，要想达到明朗之境，你可能需要降低标准。没错，我说的就是降低标准，不是拔高标准。长久以来，我们习惯于把自己对希望和梦想的标准提升，以至于有时几乎不可能达到。这让我们要么像打了鸡血似的拼命努力，要么就走向另一个极端——沮丧与逃避。

与其一味苛求自己，不如去看看那些真正唤醒你内心的事物。你将学习如何创造值得一玩的游戏（a game worth playing）和如何设定值得追求的目标。你将学习如何聚集你的能量，包括金钱、时间、精力、创造力、愉悦和人际关系，从而得到你真正想要的东西。你还会学习如何在你将要放弃自己的时候取得突破，从"忙碌成瘾"的状态中抽离出来，转而去完成自己珍视的事情。唯一的代价就是降低标准——选择更少，而非更多。

让我和你分享一个成功案例,故事的主人公叫莎莉。她在 28 岁时第一次来听我的讲座,那场讲座主要讲的是如何在财务上取得成功。莎莉高挑、爱笑,刚刚摆脱对社会保障金的依赖,那时她是一名家庭保洁员。

莎莉想要取得财务成功。财务成功的定义是:带着清晰、专注、从容和感恩,使用金钱去做自己承诺要做的事情,而金钱的数目并不重要。我认识一些百万富翁,但如果以这个标准来衡量,他们其实并不算取得了财务成功;相反,他们总是在为钱担忧,患得患失,觉得人们喜欢他们也只是因为金钱。

取得财务成功对莎莉来说是个很大的挑战。如她所说:"在我家里,从来没有人讨论过取得财务成功。我想要用钱做点有价值的事情,而不是随意挥霍。"

莎莉定了一个目标:在年底之前,持有一个价值 600 美元的投资理财组合。这展现了她想要取得财务成功的意愿。

之后每个月,莎莉会额外工作几个小时,从而能在理财账户里存入 50 美元。这或许不是什么大数目,不过对莎莉来说也需要使点劲,但也绝非不可能。按照前文的定义,莎莉每次定期存入 50 美元时,她便称得上是财务成功了。

到了年底,莎莉有了 600 美元,她把这些钱存入了她的理财账户里。她说:"现在,我要开始每月存入 100 美元了!"

她确实这么做了。在莎莉把 1 200 美元存入自己的理财账户几个月后，我偶遇了她。她看上去像变了一个人，穿得更加职业化了，并且努力求学深造。不过，让我印象最深的是她对于一些问题的看法："我之前认为人要先有自信，有更好的自我感觉之后才能取得财务成功。我为此等了很久。我现在才知道，当时我弄反了。当我有了那第一笔 600 美元并且兑现了自己的承诺时，自我感觉自然而然地就好转了。我好像能搞定一切！"

在这里，数量不是最重要的。传统观点认为，只有存了更大数额的钱，投资才算数。但真是这样吗？从精神或形而上学的意义上讲，金额根本无关紧要。决定你明朗之境体验的是行动中你所展现出的特质，在这里即为带着清晰、专注、从容和感恩的行动。同时，明朗之境的体验鼓励我们坚持不懈，不断前进。长期来看，是始终如一且持之以恒的行动为我们带来了回报。

成功与明朗之境：只是技能问题而已

你拥有开启英雄之旅所需的一切，什么都不缺。无论你经历过什么，我都可以告诉你：你没有任何问题，过去和现在都没有。

请静下心来，感受上面这句话。在这本书里，即使你只是明白了这句话，或许就能让你身心平静。你知道我们在精神状态紧绷时会消耗多少能量吗？这种疲倦源于我们的担心——担心周遭的种种问题其实是因为我们自身的错误。

无论你经历过什么，或是尚未经历什么，这一切都是你生而为人的自然结果。你已经走在英雄之旅上了，一直以来都是如此。在这段旅程中，你已经具备了你所需要的最重要的事物——一颗善良的心，拥有梦想的能力，以及对有所作为的渴望。我是怎么知道的呢？其实每个人都是如此，无论他们自己是否知道这一点。

对你以及其他很多人而言，可能还有一个问题，那就是你们可能尚未掌握实现梦想和目标的技能。你所要做的其实非常简单——学习一点技能就足够了。

这意味着你无须改变自己，甚至无须改变自己的想法，只要展现本自丰盈的内在，听从生命深处的召唤，与生命共舞。

举个例子。假设你买了一辆顶配的新车，唯一的问题是，你从没学过驾驶。现在，假设你买车之后立刻开走。不过，你可能很快就会遇到麻烦，甚至会出意外。

事故发生后，你开始为了没学过驾驶而懊恼不已，你开始分析自己的种种过失和缺点。也许你会怀疑自己是否有"开车困难症"，或者怀疑自己的缺陷是出于一种近乎"自我破坏"的心理暗示。你可能还会猜测自己是否对开车心怀恐惧，而正是这种恐惧造成了事故。一想到别人都能愉快地开车,那发生事故一定是因为你自己有一些严重的问题。

但事实上,你没有任何问题,你仅仅是还没学会开车这个技能而已。一旦学会,你就可以开车上路,去那些你一直想去的地方。同时令人惊喜的是,一旦你开始行动,你便会自然地抛开所有的自我剖析。你的注意力不会再受制于内耗,因为你的生活正洋溢着乐趣。

我们即将学习的第一项技能,就是学会把你对自己能够或不能够完成什么的疑惑、焦虑与你内心强大的潜能区分开来。这种潜能就是"表示愿意"(being willing)的能力。

无论如何,我愿意

成功的人会愿意去做自己不想做的、自己害怕的以及不知如何下手的事情。他们已经学会对生活中所发生的一切说"欢迎"。瑞典外交家达格·哈马舍尔德(Dag Hammarskjöld)很好地概括了这种状态。他说:"对已发生的一切,我表示感谢;对将到来的一切,我表示欢迎。"

仅仅是对未知的事情表示欢迎,你就已经迈出了勇敢的一步,就像寻找圣杯的骑士深入黑暗的丛林,义无反顾。感受一下:你踏出一只脚,对前路一无所知,但无论如何你都会继续前进。不要在边缘地带踌躇,干等着道路出现,你已经启程了。即便内心那些自我限定的想法会一如往常地向你喊停,你仍然要继续你的旅程。

　　对未知的未来表示欢迎，你就允许了生活为你烘烤最真实的人生体验，不需要冷却，不添加作料。对即将到来的事，你会从容地接纳，真诚地感恩，然后去体会，去创造，在此过程中与周围的一切建立更深刻的联系。你只要接受它，领会它，用它唤醒自己，从容地应对一切就好。

　　那么问题来了，我们如何迎接未知的事情呢？我们如何给予生活许可，让其自由舒展呢？

　　有一种方法就是，说出"我愿意"。

　　只要说出这句话，无论你先前有多拖延，此时此刻，你就已经自然而然地激励着自己去立刻行动了。说出"我愿意"，然后你将触碰到栖息于内心深处的英雄一般的力量。

　　在展开更多阐释之前，我们稍作停顿，看看"表示愿意"和"意愿"之间的区别。不同词语所传递的力度各有不同：有些词语铿锵饱满，让听者振奋；有些词语则略显苍白，鲜有感染力可言。你每天所用的词汇都会影响你的关注点。最终，这些词语会影响你对自身能力的认知。我曾见证过成千上万的人从过往的痛苦中解脱，而其中的关键正是理解了"表示愿意"和"意愿"之间的不同。

　　"意愿"是一个名词，名词是指一个物体、一件事情。因此，我们通常将名词所指视为"身外之物"。打个比方，当我们说"我有意愿"时，我们是把意愿视为我们拥有的、持有的一个事物，和一辆汽车、一杯水或一只可爱的小猫没什么区别。"我有意愿"这句话，无法表达我们是谁，无法表达我们本身的存在。这就是为什么它不如"我愿意"有力量。

　　试着大声说出来。先说："我有意愿。"接着再说："我愿意。"感受一下，哪个句子让你感受到更充分的可能和更强烈的希望？哪个句子更有力量？

　　"我愿意"是你能够作出的最强有力的声明。这句话表明，此时此刻，你已准备好投入生活，自然而然，毫不勉强。你开始自愿参与生命中的一切，而不是被硬生生拖到某个生活轨道上，一边被拽着向前，一边留下痛苦挣扎的痕迹。

　　这里我们就要说到"无论如何"（nevertheless）。无论如何，意指"无论在什么样的环境和情形下都一样，不管情况有多夸张"。把"无论如何"置于"我愿意"之前，意味着，即使我还是持有疑惑、恐惧、成见、评判、偏好、情绪和看法，即使我脑海中那个劝我等待、退缩的声音一如既往地嗡嗡作响，我依然愿意迎接人生的冒险，我愿意！

　　现在，请拿出一张纸或者一张长宽比 5∶3 的卡片，在上面写下："无论如何，我愿意。"（Nevertheless，I am willing.）在接下来的 3 天里，请随身携带这张纸或卡片。每当你听到内心那个劝阻你、限制你的声音时，每当你想要实现一个构思、梦想或愿景却感到犹豫时，请拿出这张纸或卡片，读出这句话。然后，静静感受内心能量的变化。

　　而这，只是开始……

第二章

在迷雾中驾驶

如果想在生活中获得清晰，首先必须明确你的生命中何处缺乏清晰。

> 如果我们继续沿着这条路走下去，我们很可能会到达目的地。
>
> ——传统佛教谚语

想要在生活中获得清晰，你没有捷径可走。首先你需要了解，截至目前，你的生命中何处缺乏清晰。如果你看不清起跳的地方，那就难以跳跃至明朗之地。

让生活变得清晰是一项挑战——从睡梦中醒来，变得清醒，不再在生活里东冲西撞。当我们醒来，我们会发现对自己而言真正重要和有价值的东西，会看见始终在等待着我们的道路，会开始过自己真正想要过的生活。

早点醒来比晚点醒来要好得多，这样你就不必一遍遍地重复同样的错误。可能你已经意识到，当你一次次地产生"不会又是它吧"的想法，进入重复犯错的循环时，教训往往会来得更加惨痛。生活试图引起我们的注意,想要唤醒我们。但如果我们睡得太沉,那要经历的可能会是一场巨大的浩劫。

想象一下,你正行驶在一条乡村公路上,被灰蒙蒙的浓雾笼罩着。打开前灯似乎只会让情况变得更糟。突然间,雾气消散了,你看到自己正逆向行驶在反方向的车道上,并且0.25英里①外有一辆10吨重的大卡车正笔直朝你驶来。

这个时候,你会思考自己是怎么开到反向车道上的吗?你会回想父母的驾驶习惯是如何影响你的驾驶行为吗?你会试图去找到自己本能的驾驶天赋吗?

不会的!你会马上靠边停车,远离卡车的前进路线。你的行动清晰、专注且简单。那是因为你在这个瞬间清醒了。

但想象一下,假如浓雾没有消散,它继续模糊你的视线。你不知道自己处于错误的车道上,即便你时不时需要调整方向以避开迎面而来的车辆,你仍然继续行驶着,仍然在雾里,仍然在错误的车道上。由于差点就撞车的情况过于频繁,因此你开始问自己:为什么这种事一直发生在我身上?是我出了什么问题吗?难道我潜意识里"享受"这些轻微的交通事故吗?为什么我会和这些车发生碰撞?为什么我一直在置自己于险境?一定是我的想法出了错,如果

---

① 0.25英里大约为0.40千米。——译者注

我能够更积极地思考，也许这些事就不会再发生在我身上。

当你的大脑被这些想法占据时，当你着急想要去分析为什么同样的事情会一次又一次地发生时，你会发现自己更容易陷入困境。

许多人因为拘泥于错误的问题而导致自己在英雄之路上变成了精神上的"马路杀手"。还有一些人，像前文说的那样，混乱的思考令他们眼前的迷雾更浓。毕竟拘泥于这些错误的问题并不能指引我们转移到正确的车道上，从而远离伤害。

接下来，我将告诉你一些具体的方法，用于消除你道路上的迷雾，其中包括提出更值得反思的问题。这些方法非常棒，因为当你拨开迷雾，清楚地看见自己身处何处时，你凭直觉就会知道下一步该做什么。

我想再强调一下，这些方法听起来非常简单、非常容易理解，甚至可能会被忽略。（因为我们倾向于认为，重要的道理往往是复杂且难以掌握的。）当你清楚地看见前方是什么时，你的内心便会知道该做什么。你的行动将变得简单而精确，不会有任何无用之功。

当雾气消散，你看到向你疾驰而来的卡车时，你会立即移向旁边的车道。不需要有人告诉你要马上避让，不需要任何关于如何避让的建议，也不需要认真琢磨，你的行动是自然、本能且有效的。

这是因为你的内心存在着一泓智慧之泉，正等待着被发掘。

"这样做是没错,"你说道,"不过我真的要等到那辆 10 吨重的卡车向我迎面驶来吗? 虽然躲开了,但那也是侥幸脱险,非常吓人。"你说得对。我们需要进行的是小幅度的方向修正,从容而不是剧烈地调整方向。我们希望卡车尚在 5 英里①之外的时候就看到它,意识到车道错误,然后转换车道,这样就不需要去经历那惊心动魄的过程了。

这正是我们的目标:不仅要驱散迷雾,而且要以平和、优雅的方式做到。进行小的调整,而不是清理巨大的麻烦。想想这能省下多少能量! 如果能带着这样的清晰度去行动,而非疲于应付一次又一次地侥幸脱险,我们将多么有创造力啊!

对于你重要的梦想来说,你的迷雾可能是一种沮丧(frustration)、逃避(resignation)或愤世嫉俗(cynicism)的模糊感觉。你感到沮丧,因为你认为自己没有时间、金钱、想象力或精力去应对它们;你想逃避,想着把一些事情推迟,等到生活安定下来、压力减轻了再说;或者你甚至已经愤世嫉俗地放弃了那些让你内心激动的梦想,你已经说服了你自己:梦想是为他人准备的,而非你自己。

如果你有这些想法,那么祝贺你! 它们是迷雾的一部分,在将其驱散之前,你必须意识到自己正行驶于其中。

---

① 5 英里大约为 8.05 千米。——译者注

迷雾的本质

那些在你的脑海中盘旋着的、阻碍你追逐梦想的内心对话似乎既新颖又有说服力。这正是迷雾的本质：你朝它一拳打过去，它就吸收了你的能量；你挥舞手臂想将它驱散，它就会向你发出嘲笑；你打开光束照亮它，想要对它进行分析，你得到的却只是更多刺眼的光。

梦想着做宝石生意的艾伦，就有着这样的一团迷雾："我想去遥远的集市寻找琥珀，或徒步到那些售卖最好的玉石的偏远山村，但首先我得想办法摆脱对失败的恐惧。我有这种困扰已经很多年了，虽然我一直在努力对付它，但是我仍没准备好采取相关行动。等到这种情况有所好转后，我就会和人谈谈来启动我的宝石生意，但在那之前我需要先处理好这一切。"

为了看清你自己的迷雾，试试这么做：拿出四张纸。首先，对着你面前的第一张纸，想一个你一直搁置或拖延的目标或梦想。接着深吸一口气，列出你将这个目标或梦想搁置或拖延的所有原因。尽量快速写，尝试写出脑海中的所有想法。即便你觉得你写的内容没有道理也没有关系，继续写下所有的疑惑、担忧和问题。你拖延的原因到底是什么呢？把这些都写下来。然后，想另一个你还没有开始追求的目标或梦想。在第二张纸上，写下这一目标或梦想被搁置或拖延的原因，越具体越好。最后，想第三个和以上两个不相关的目标或梦想，最好是来自你生活的另一个方面。与上面方法相同，把所有相关的原因写在第三张纸上。

读一遍你写下的所有内容。你很可能会看到，不管梦想具体是什么，有一些单词或短语会重复出现，你甚至可能会发现一个主题或有关联的故事线。例如，你缺少什么，别人如何阻挠你，一种可以追溯到童年的行为习惯，或是一种反复出现的感觉。接着拿出第四张纸，先写下字母 A 作为标题，再把所有这些重复出现的单词、短语或主题写在这一标题下。

现在我们开始探寻迷雾背后的机制。还是在这第四张纸上写下字母 B 作为标题，然后想想你为什么会告诉自己上面这些原因是确实存在的。对于这些担忧、疑虑、沮丧和问题产生的原因，你是如何解读的？把这些分析记录在标题 B 下面。

看看第四张纸上的 A、B 两栏。你记录下来的就是你的大脑在陷入自我分析时的样子。看到这些内容的时候，你可能会感到不舒服或紧张。当你意识到自己一直活在这些想法中时，你可能会产生忧郁或悲伤的情绪。

作为一名心理学家，我精通心理分析。面对问题，我知道如何抽丝剥茧、理性分析和解释原因，我知道怎样把这些解释混在一起"炖成一大锅"。我尝过这锅"乱炖"，并且说服自己正是所有这些解释滋养了我。可事实上它们并没有滋养我，反而导致了那些不可避免的事情的发生。我并没有前进或创造对自己重要的东西。

讲一个我自己的例子。我当时正在导师的办公室里，那是在加州大学洛杉矶分校心理学系的一幢旧楼里。我向导师解释，由于一些关于我母亲的原因，我很难完成我本应完成的论文章节。我确实相信自己的理由，但导师只是轻声一笑，说道："这个理由不错！好吧，我再给你两周的时间。"我松了一口气，得到了想要的延期。但当我离开办公室时，我也感到难堪：这个借口真的有必要吗？它显然没有给我带来任何满足感。

很久以后，我去了一个在旧金山举办的周末讲座，在那里我们被要求去审视自己用于自我描述的词汇。正如我的导师多年前所看到的一样，我看到了自己在内心冲突上耗费了很多能量。还记得走出讲座大楼时我在想：马丁·路德·金（Martin Luther King Jr.）有过自我控制方面的问题吗？玛格丽特·米德（Margaret Mead）有过原生家庭方面的困扰吗？如果有的话，他们是否在意呢？还是说他们都在忙于实现自己的目标和梦想呢？他们是通过什么方法来指导自己的生活呢？他们采用的方法和我自己的有什么不同呢？

别误会，我认为针对怀疑和担忧的分析在有的场景里是需要的，有时候针对过往经历的回顾能够起到疗愈的作用，我们都需要去理解自己的想法和感受，但是有时候我们就是会一遍遍地重复自己脑中的想法，而这些想法不会产出任何结果。我们还是那样，没有任何改变。这种情况即便在我们的想法很深刻的时候也会发生，事实上尤其会在它们很深刻的时候发生。

我并不是建议你停止使用自己的分析能力。我只是希望你能够考虑一下，习惯性思维是否阻碍了你通往明朗之境。我们都有这些习惯性思维，它们之所以顽固，是因为已经成为一种惯性；之所以成为一种惯性，是因为它们有其内在逻辑。这些习惯性思维似乎是服务于我们的，正是因为它们，才有了今天的我们。但倘若我们一味地把这些旧的思维模式带入生活全新的挑战中，那就可能是因循守旧而故步自封了。

承认我们的思想难以控制是很重要的。举例而言，假如有人提到巧克力冰激凌，然后告诉你不要去想，你会怎样？一排排冰激凌会在你脑海里跳舞！能够认识到这一点其实是个好消息。当认识到无论我们如何试图去改变自己的想法，它们都不会有所变化，甚至试图改变它们只会产生更多迷茫时，我们反而能放松下来。

在这种放松的状态下，我们可以把注意力从这些重复的怀疑和担忧上移开，转而将其集中在对自己而言更重要的事情上，比如我们内心深处的梦想。

这才是通往明朗之境的关键所在：专注于你热爱的、感兴趣的、心之所向的事情。这些让你专注的事情创造了你在现实世界中的体验。如果你无休止地专注于处理你的问题、疑虑和困境，你就会陷入迷雾。专注于你想要创造和有所贡献的事情，迷雾便会开始消散。强化这种专注力（你将在下一节中学习如何强化），迷雾将进一步消退。也许雾气弥漫的时刻还会到来，但它们只会成为例外，而非常态。

走出迷雾的方法

借用阿尔伯特·爱因斯坦（Albert Einstein）的话：我们无法用与制造问题同等级的思维方式来解决问题。分析问题和困境，让我们上升到一定的思维等级。但我们想要进入的是更高的等级，那就是明朗之境。到达更高思维等级的方法之一就是学会观察。

在一次偶然接触立体图片的时候，我学会了如何观察。立体图片是计算机生成的二维图像，它的巧妙之处在于，人们可以在看似混乱的平面图里发现一个三维物体。

某个周六的早上，我在逛商场，商场四周挂着立体图片的海报。其中，有一张大约 2 英尺①长、3 英尺②高，由蓝色、绿色和紫色等颜色混合而成的海报，底部写着：大海中的海豚。

---

① 2 英尺大约为 0.61 米。——译者注
② 3 英尺大约为 0.91 米。——译者注

我走上前去，眯起眼睛仔细看，没发现海豚。我又往后退了退，还是没发现海豚。当两个小男孩跑到海报边，大喊"嘿，看，海豚！"的时候，我着实感到沮丧。

我耗在那里，试图分析如何看到海豚，并且琢磨着自己为什么看不到。在我放松下来之前，我还是什么都没看到。我停止了挣扎，做了一次深呼吸，让自己努力寻找海豚的目光变得放松一些。我不再强迫自己去努力寻找海豚，而是让它来找我。

这个过程在一开始并不太愉快。我能感受到自己的感知开始游移，这让我有点分心。我看到的图像正在改变，但我依旧没能看到海豚。我似乎是介于看到和没看到海豚之间，这让我想要转移视线。

我能想起很多因为某个问题没有立刻得到解决，或者某种处境没有立刻变得明朗而眼神游离的时刻。这种站在那里不动却什么也看不明白或者感到困惑的状态让人很不舒服。学会观察就是要学会如何以静制动，等待要显露出来的事物得以显现。

在商场的那个早晨，当我陷于"什么都没看到"的不适感中时，一幅海豚在海浪中玩耍的图像开始浮现在我的眼前。它们一直都在那里吗？当然。我只是之前没有掌握看到它们的技能而已。

下面的练习将帮助你培养这种"看见"的技能，这也是为明朗之境打开入口的众多技能之一。

在接下来的一周里，请关注一个你需要作出决定但被难住的时刻。这一时刻可能与工作、家庭、健康或任何其他事情有关。不要疯狂地问自己或别人应该怎么做，先问问自己以下两个问题：

- 对于当前的情况，有什么东西是需要被我看到但是我还没看到的吗？
- 在当前的情形下，什么是对我重要或者有意义的？

这些不是寻常的问题。它们需要你从当前的情形中往后退一步，并且接受答案可能无法立即产生的现状。坐定，对你脑海中认为此刻自己必须有解决方案的那个声音点点头，但拒绝去回应这个声音。你可以把问题写在一张纸上，同时记录下你所想到的任何回应。你正在把注意力从问自己"我应该做什么？"转向仅仅是在观察。大约 5 分钟后停笔，把纸放在一边。

一段时间后，甚至只是一两个小时后，再看看你前面写下的内容。阅读时，有意识地放松你的大脑，放松你的目光。查找是否存在以下一种或多种情况：

- 一些让你有喘息余地或者与你内心有所共鸣的词语。
- 一个让你感到有希望或有可能性的想法。
- 一种从另一个角度来看待困境的观点。
- 任何能带来"一切安好"这种感觉的想法。

观察你在这个练习中获得了什么。我保证你会看到以前没看到过的东西，它可能小而微妙，也可能大而明显。你会看到这些是因为你的视野被拓宽了。正如立体图片海报一样，答案在等待着你，你只需要培养出看到它的技能。而且请放心，你天生就有学习这种技能的能力，你只需要唤醒并加强这种能力。

这件事的原理是：当你学会观察自己身处何处，当你拨开由无休无止的自我分析产生的迷雾时，你会本能地知道下一步该做什么。

在结束这一章前，我想再通过一个小故事来为你展示观察应该是什么样子的。

你正在加勒比海温暖清澈的水中游泳。你偶遇了一条黄色的鱼，它边游边哼着歌，专注于自己的事情。这是一条会说话的鱼，你对它打招呼说："今天的水很不错吧？"鱼说："水是什么？你在说什么？"

不管你跟鱼说关于水的任何事情，它都没反应。对鱼来说，就没有水这种东西。这是因为水是鱼唯一知道的东西，它没有别的参照物来跟水作比较。

假设在某个时候，这条鱼非常高兴，开始跳跃。在极度兴奋的时刻，它跳得很高，以至于跳出了水面。在那一瞬间，鱼观察到了自己在什么里面游，然后它就知道了水是什么以及不是什么。

鱼在观察水的时候发生了什么？首先，跳出水面时，它创造了一个观察距离。为了观察某物，你必须在你和你观察的事物之间创造或建立一个空间距离。通过这个空间距离，你会意识到你自己并不是你正在观察的对象。其次，鱼在有了观察距离后，获得了一种将水与空气进行对比的能力。一旦这种区别产生了，就不会视而不见。就像一旦你所在道路上的迷雾消散，你就不会看不见正在向你驶来的卡车一样。

第三章

值得一玩的游戏

当你学会创造值得一玩的游戏、设定值得追求的目标时,你会收获明朗的人生。

当我怀揣着坚定的信念投身于应当由我完成的事时,我几乎是狂热的。

——基督教合一派联合创始人查尔斯·菲尔墨(Charles Fillmore)在 90 多岁时说

你也许听过"人生如戏"这种说法。这话有时是用戏谑的口吻说出来的,就好像人生不值得似的。然而,如果我们真的发现生活的确就是由一系列游戏构成的呢?这些游戏或严肃或有趣。充实的人生就意味着要创造属于自己的值得一玩的游戏,因为这些游戏的目标对我们来说至关重要。

还记得我们在第一章提到的莎莉吗?在通往财务成功的道路上,她设定了拥有一套投资理财组合的目标。我在她进行第一笔投资 8 年之后又见到了她。

那是一个阳光明媚的春日,我在加州萨克拉门托市的一家河滨餐厅里,离我不远处有一个女人坐在室外的一张桌子边上,我觉得她看上去有些眼熟,但又辨认不出。当我听到她的笑声时,我知道她就是莎莉。她看起来变化太大了!没错,她的着装、头发和体态都变了,但令我印象最深刻的是她有一种镇定自若的气场。她瘦了很多,从她的脸庞我能看出她也抛下了大量的精神负担。

那天莎莉告诉我:"我已经不是当初那个和你设定值得一玩的游戏的我了。我在始终如一地、不被困扰地做着对我很重要的事情,这已经跟存下多少钱无关。每个月我都拿出 50 美元存起来,这让我感觉越来越好,并且这种成功感开始影响我生活的其他方面。我开始以之前从没有尝试过的方式来思考职业发展。我身边的人一直在鼓励我,我也接受了他们的支持。今天,我是一位房地产经纪人,我还在指导其他女性如何在自己的人生中取得成功。你敢相信吗?"

我相信而且喜欢听莎莉的故事。这种从糟糕的环境出发,发展出富有创造性和意义的人生的故事,会给我们带来希望,还可以为我们设定和实现自己的目标提供借鉴。

从史前时代起,当人们比赛投掷石头时,就被吸引到了游戏中。游戏让我们能够阐明目标,学习技能,培养天赋,专注精力。当我们看到他人正在进行值得一玩的游戏时,无论那是努力存钱还是想要设计出更好的计算机,无论是在寻找医治疾病的方法还是抽出时间来追求一个新奇的爱好,我们都会感受到他们的热度,他们身上的那种热情和兴奋。

现在,回到你的生活,去想一个你尚未实现的梦想。比如做一门餐饮生意,写一本诗集,在加勒比海的环礁湖里游泳,为红十字会担任志愿者。无论是什么梦想,仔细观察它们,你会发现这些梦想和目标都要求你实现一定的突破,发展新的技能,并且以全新的方式投入生活。

全情投入,与梦想共舞,是和明朗之境密切相关的。设想一下:当你参与对你有重要意义的项目或活动时,你是否觉得自己拥有最好的状态?这些项目或活动可以是为不良青少年营建社区这样的大项目,也可以是像辅导一个孩子这样的小事。实际上,如果你是在展现自己并将自己的内在外化出来,这就不是一件小事。

这就是我所说的值得一玩的游戏的含义,这也是为什么它们那么重要。你所选择的这些游戏,会以一种深刻、极具个性且富有意义的方式折射出你是谁。它们会集中你的精力并减少你的疑虑和恐惧。你实实在在地被游戏塑造着,当你习得了所需的技能时,你就会切实感受到自己很有能力。你会放下原有的借口、经历和解释,开始重新定义自己。

莎莉就是这样做的。这就是进入最佳状态的运动员带着清晰、专注、从容和感恩在比赛时所做的事情。这种最佳状态并不是只有少数人才能享受的非凡状态。你也可以创造属于你的值得一玩的游戏并在其中取得成功,这样做将会把如炙热火焰般的目标感与热情注入你的生活。

组成值得一玩的游戏的元素

心理学家和社会学家对游戏进行了多年研究,其中大多数人认为游戏具有以下基本特征:

- 结构:一个游戏场地和一个或多个玩家。
- 需要实现的目标。
- 实现目标的障碍。
- 为了玩转游戏、排除障碍所需要掌握的技能。
- 由于障碍而未能实现目标的可能性。
- 游戏规则。
- 反馈机制,让玩家知道自己玩得怎么样。

我说过,游戏塑造了我们。在运动中,这是显而易见的:你通常可以通过运动员的身形来判断他们从事的是哪项运动。你也可以观察出人们在个人和职业生活中所选择的游戏或角色是如何塑造了他们,虽然可能没有那么显著。

我们之所以为自己选择的游戏所塑造,是因为创造游戏需要清晰感。我们问自己:这个游戏是如何设计的?目标是什么?我如何避开障碍?有些什么样的规则?弄清楚这些事情,我们便能集中注意力以及付诸行动。有些事情变得更加重要,有些事情则变得不那么重要。我们应学会筛掉不相关的信息和想法。明确在那些你认为最关键的地方集中精力、保持清晰,这会影响你的生活经历以及生活面貌。清晰会塑造你。(这就是多年前戳中我的地方,当时我在想,我是要因为我的思想还是要因为我的"问题"而被别人知道。)

障碍为何重要?

障碍处于每个有趣且值得一玩的游戏的核心位置。在体育游戏中我们明白这一点,但在生活中,导致我们无法开始进行自己真正想要的游戏的最重要的原因,就是我们会害怕遇到自己担心的那个障碍。

如果一个游戏没有障碍会是什么样子呢? 假设你是一个足球运动员,比赛开始前,你的教练宣布另一支球队不能来参赛。你还是会参加比赛,只是没有对手。

赛前的兴奋为困惑所取代。球场上,你带球,奔跑,进球,无人防守,无比轻松。这种情况一次又一次地发生。

你对这个游戏的兴趣会持续多久呢? 在值得一玩的游戏中,一定有获胜的机会,而获胜则需要克服障碍。必须有一些东西需要进行对抗、全力以赴、为之奔走,还必须有失败的可能。我们失败的时候要重新制定战略,这样下次才有可能取得胜利。

失败的可能让游戏变得刺激。你听说过一名赌徒死后下地狱的故事吗？赌徒发现自己所在的房间里摆满了赌博桌——轮盘、21 点、扑克，发牌者们站着等他。赌徒认为自己来到了天堂。魔鬼递给他一把筹码并解释说，无论玩多久、玩多少次，他都不会输。赌徒开始下注出牌，每次都能押中所有的数字、击中 21 点，但是他也逐渐意识到自己注定完蛋了。没有挑战，也没有兴奋感，他知道自己将无聊至"死"。

我们不想输，但我们也确实想要挑战。胜利和得分固然很好，但是如果我们再深入思考一点就会意识到，让我们感到兴奋的是我们的技能得到了提升，从而能够克服障碍、获得胜利。

这一点可能听起来不难理解。比如在网球场上，我们想尽量打压线球，或者想让球拍击中球时作用于最佳点，听到那"砰"的一声。但在日常生活中，我们常常表现得对此全然不知。不管我们做什么，比如写一本书、画一幅画或是开一家公司，遇到障碍时我们经常会慌张或是僵住。我们开始说服自己应该退出游戏。我们认为自己缺乏必要的时间、金钱或才能，并且怀疑自己的智慧和价值。

你能想象当一个足球运动员正带着球奔跑，这时候被对手挡住，然后他因为觉得球场上不应该有任何对手就当场停了下来并退出比赛吗？不会的，运动员知道会遇到障碍。障碍是游戏的一部分。

障碍和挑战之所以会使我们对自己或自己的目标感到

非常害怕，是因为我们对游戏场地和游戏规则缺乏清晰的认知。如果我们把遭遇挑战时发生的事情视作注定要发生的事情，那么会是怎样的情形呢？如果我们把障碍视作一个信号，表明自己在做对的而非错的事情，那么会是怎样的情形呢？如果能这样去想，我们是否能够激励自己继续前进呢？没准儿我们还会乐在其中！

回想一下你生活中的一次巅峰体验，是否需要你学习新的知识或走出你的舒适圈？是否需要你去预测并克服一两个障碍？无论是学习骑自行车，说一种新语言，还是通关填字游戏，我们所学的一切都需要应对挑战。

通往明朗之境的游戏

值得一玩的游戏的最大特点是它直接与我们个人的意义相关联。这样的游戏是在召唤我们并与真正的自我产生共鸣，它一定会让我们有机会充分表达我们的内在意愿。

对于"意愿"这个词我是有所特指的：意愿是存在于我们心中并赋予我们意义感的目的。在与成千上万人打交道的过程中，我发现无论年龄、性别、职业地位或精神取向如何，一些意愿是普世且重要的。因为这些意愿通常陪伴我们一生，所以我将其称为"人生意愿"。

我们通常说的意愿是另外一种意思。例如，我们可能会这样说："我想要减肥""我想要去度假"或"我想要找到一份工作"。这些想法反映了愿望。尽管它们可能很重要，但它们不具备人生意愿的深度或重要性。它们相对来说可能只是短暂地出现，不会达到炙热的状态。

相反，人生意愿是一种存在状态。它们本身并不指向具体的行动或目标，它们的存在本身就能从根本上召唤我们。无论我们的生活中发生了什么，它们都可以成为活力之源。以下是一些例子：

- 成为身体强健的人。
- 成为慷慨的朋友。
- 成为美的创造者。
- 成为卓有成效的导师。
- 成为财务很成功的人。

许多人表示，当他们阅读人生意愿清单时，会感到内心放松，仿佛进入了一个入口，有了一些呼吸的空间，获得了一种宽敞的感觉。这是因为人生意愿揭示了我们的真实所在，而非那些我们认为是错误的事情。人生意愿表明了我们的理想状态和重要的事，而非我们的失败或不足。人生意愿助燃了我们的英雄之心，也是创造值得一玩的游戏的核心基础。

人生意愿同时也包含了以某种方式为他人作出贡献的可能性。你通过为他人做些事情来对他们有所贡献。你可以与他人分享财富或为他人修剪草坪。你可以以多种方式向他人表达自己有多爱或多尊重他们。同样有力的是，你让他们知道他们的支持对你来说有多么重要。最后，因为他们看到了你在你自己的生活中做着什么，所以这也可能会启发他们在自己的生活中采取行动。

虽然人生意愿本身并不意味着要采取特定的行动，但它们会将你朝着你想要去做成的事情上牵引。一旦你找到了自己的人生意愿，你会发现你会自然而然地去想该如何实现它们。

你可以这样来创造值得一玩的游戏：选择一个能够召唤你英雄之心的人生意愿，然后在现实生活中找到一种可以体现它的方法。换言之，就是设定一个值得追求的目标。

目　　标

目标对许多人来说是个令人厌恶的词。目标让人想起在凌晨 5 点起来做无聊的俯卧撑，或强迫自己减肥，又或是偿还信用卡债务。那种在看到人生意愿清单时会产生的宽敞的感觉没有了。让我们试着来纠正一下这种情况。

《韦氏大词典》（*Merriam-Webster Dictionary*）将"目标"一词定义为"在玩儿的时候为了得分而指向的一个区域或者物体"。玩儿！这意味着目标是可以令人愉快的。目标有开头、中段和结尾，它们也是可以明确且可以测量的。

你达成一个目标,然后继续下一个目标。你将会看到,设定能够温暖你的内心并且滋养你的精神的目标是有可能的。

但就目前而言,值得一玩的游戏的核心就是那些值得追求的目标,因为这些目标源于你的人生意愿,看到这一点就足够了。

这些值得一玩的游戏可能是这样的:

- 人生意愿:成为一个成功的作家。

    目标:我要写一本儿童读物。

- 人生意愿:成为一个美的创造者。

    目标:我要种出一个玫瑰花园。

- 人生意愿:成为一个身体强健的人。

    目标:我要在约翰缪尔步道上远足 10 英里①。

这样的组合无穷无尽,你可以创造出各种可能性。选择一个召唤你的人生意愿并设定与之相关的目标。没错,这就行了!你已经创造了迈入明朗之境的基本条件,因为你正在让清晰发挥作用,它是明朗之境的第一个要素。这些年来,我看到过太多因为困扰而放弃自己的人,他们这么做仅仅是由于没有弄清楚"自己真正想要创造的游戏是什么"这一步。

当你全情投入属于自己的值得一玩的游戏时,你就在重新定义你自己,就像莎莉那样。你突破自己并感受到活

---

① 10 英里大约为 16.09 千米。——译者注

力。你之所以感到兴奋,是因为你正在按照自己的意愿获得成功。你不是在将自己与其他范式进行比较,而是在听从自己内心的指引。

游 戏 场 地

要想在任何游戏中取得成功,你必须看清游戏场地,这让你对将会遇到的东西有所预期。妨碍我们追求梦想的许多困难都是因为缺乏这种清晰的认识而产生的。

以下是我听到那些因为没有取得成功而感到困扰的人们说的:

- 当我争取自己真正想要的东西时,为什么就会变得那么难?

- 我确实想实现这个目标,但我只有这么多精力。我怎么才能不让自己精疲力尽地实现目标呢?

- 当事情变得艰难时,我该如何判断自己是否仍处在正确的方向上呢?

- 总会在某个时候整件事情都成了个苦差事。即使我确定自己想要实现它,事情也不再有趣。这时我就想要停止或切换到另一个目标,这导致我有许多未完成的事情。为什么这种情况不断发生?

类似上述的情况你可能也经历过。如果是这样,那你情况还不错,因为能提出这些问题的人都是有能力、有才智和有创造力的人，但即便是有能力的人有时也会看不清楚游戏场地。最后我想说的是：一旦你了解了场地的布局，为你的游戏带来了清晰、专注、从容和感恩，事情就会容易得多。接下来是对游戏场地的简要描述，重点聚焦在它的两个主要方面：物理空间和想象空间。

物 理 空 间

把现实想象成你面前的一块空白画布。现在，在画布中间画一条假想的水平线。这条线的上方是物理空间，下方是想象空间。当然，实际上并没有这条线，但画这条线有助于我们清晰地看到两个空间在许多重要方面存在的差异，而你的成功也恰恰取决于你是否了解它们之间的区别。

每个空间都有自己的规则。许多有创造力和聪明才智的人由于不了解每个空间的规则，因此很难实现他们的意愿。

受人尊敬的佛教僧侣释一行（Thich Nhat Hanh）曾说过："奇迹并非行于水上，而是行于地面。"[1] 物理空间是我们"行走"的地方，这里的能量密度高且厚重。树木、岩石、水等由于有质量和大小而存在于此。你可以量化它们，它们可以被看到。物理空间是有形的、具体的、可测量的。

物理空间有着很高的密度。这意味着在其中移动、创造、调整或修改任何东西都需要消耗能量。我们所说的事情可以是弹钢琴、捏陶器、开车、写剧本、骑马、为你最喜欢的慈善机构捐款，也可以是与你看到、尝到、摸到、嗅到或听到的东西进行互动。物理空间不仅是想法变成具体行动的场所，也是这些行动本身存在的地方。

除了能量密度高之外，物理空间的第二个特征就是非恒定性。物理空间总处于变化之中，并不稳定。任何被创造的事物都会以其现在的形式存在一段时间之后消失。没有什么会永远仅以一种形式存在下去。

不知道你有没有注意到，连你自己对于现实的体验都一直在不断地发生着变化。接下来这个小实验将说明我的意思：

- 首先，把你的两个食指举到眼睛的高度。
- 然后，看你的右手食指 5 秒钟。
- 接着，看你的左手食指 5 秒钟。
- 最后，把注意力放回右手食指上。

你是否注意到你的右手食指和刚才你第一次看它的时候有些极为细微的差别？你可能没有发现，你的右手食指在视网膜上的第二幅成像已经与第一幅有所不同。你所看到的图像，以及它如何影响着你的视皮质上发生的一切，都在不断变化。即使盯着一朵花或一杯水看几秒钟，你的眼睛也一直在进行细微的调整。你看到的图像在持续发生改变。

　　我们之所以不会困惑，是因为我们的大脑可以平衡感知。当你第二次看向你的右手食指时，大脑会把它与最近的相似图像进行比较，并找到一幅匹配的图像。接着大脑会告诉你："啊！右手食指！就和上次看到的一样，一点都没变！"

　　如果你的大脑无法进行这些即时比较来保持一种稳定和持久的感觉，你能想象自己的生活经历会是怎样的吗？如果你的瞬时记忆、短期记忆受到某种程度的损害，你失去了进行这些感知联想的能力，那会怎么样呢？类似的情况会发生在某些类型的脑外伤患者身上。他们会变得极其迷茫，因为他们看到的一切东西——几分钟前刚认识的人，或是认识了一辈子的人——在他们眼里都像是第一次见。

　　到目前为止，我们认识了物理空间的两大特征——高密度性和非恒定性。第三个特征是不可预测性。当我们在物理空间中做事时，我们要做好迎接各种意外发生的准备。你有多少次是在一天开始的时候准备好了日程安排和任务列表，但却不得不在任务到来的前 2 个小时甚至前 15 分钟改变计划？这是我们在生活中都要去应对的一个方面。总会有什么使得一天的进程无法按计划进行。我们脑海中关于事情将如何发展的情形通常与实际发生的情况不符。那是因为不可预测性是如此可预测！

　　想准确地预测某件事是有可能的，你只需要保持时间跨度很短即可。举个例子，如果我想准确地预测天气，那我只需要预测未来几分钟内会是什么天气即可。问题是，像这样的预测既不是很有用也不是很有趣。

延长预测的时间跨度才会更有趣，比如说一天，但准确度的确会受到影响。当把时间跨度拉长到三天或一周的时候，准确度会变得更糟。这一点是必然的，因为不可预测性是物理空间的一个自然特征。

不可预测性也是你的游戏中自带的障碍。在一段相对较短的时间间隔之后，混乱开始出现，你不可能阻止它，你永远不知道事情会怎样发展。虽然你可能对很多事情都有一个详细的计划，比如去夏威夷度假、建一个花园、改造你的家或生一个孩子，但是你对未来的想象很少与它在物理空间中的形象吻合。该如何处理这种不可预测性呢？你要学会与之共舞。

高密度性、非恒定性和不可预测性都是物理空间的特征，也是任何令人兴奋的游戏的特征。以打高尔夫球为例：

- 高密度性：我如何击中那个球？用哪种球杆？如何调整我的挥杆动作？
- 非恒定性：风向刚刚发生了变化；一片云挡住了太阳；一棵树的树枝在我的视线中摇晃。
- 不可预测性：填写你自己的答案吧！有多少时候是我们能够把球准确地打到我们预想的地方呢？

所有有趣或令人兴奋的游戏都有这三个特征。为什么这些特征在游戏中如此有趣，而当我们日复一日地在生活中去体验它们时却会感到十分恼火？为什么我们总是希望我们面对的生活应该是另外一个样子呢？

物理空间令我们沮丧。原因之一是我们中的许多人相信，只要我们计划好每件事情，在生活中做正确的事情，就能在我们需要的时候取得成功。有时候确实会这样发生，但更多时候，当我们认为事情是在按计划进行并且计划妥当时，事情却会发生转折。有些事情会发生在我们的意料之外，比如我们的房子没有在我们想卖的时候卖出去。当我们需要去改变计划以适应环境时，我们却常常在担心是不是我们自己做错了什么而导致事情变成了这样。

大多数时候我们根本没做错什么，这只是物理空间的本质。

我们希望当身处高密度、非恒定和不可预测的物理空间之中时能够变得更有韧性。在想象空间中，我们可以获得如何在现实生活的旋涡中应对自如的奥秘。

想 象 空 间

当在画布上画出那条想象中的水平线时，我们把想象空间放在这条线的下面，把物理空间放在它的上面。这是因为想象空间就像海洋，而物理空间就像水面上跳动的波浪。波浪是瞬时的、不断变化的并且有其形态，而海洋相对于波浪来说是恒定不变的，不会像一道道波浪那样消失。

当你将想象空间视作物理空间的支撑或基础时，你就可以立刻对它有一个更切实的理解。想象空间并非高不可攀、遥不可及。相反，我们生于其中，安于其怀，从来没有离开过它。

想象空间是无法绘制或测量的，它不像物理空间那样可以被量化。不过，这两个空间也有一个共同的特性——能量。不同之处在于，在想象空间中，能量不受制于有质形态，因此要高得多。

想象空间是想法、梦想和愿景的发源地，这里的能量使我们兴奋，这里的想法令人心潮澎湃。谁没有体验过一个极好的想法带来的那种兴奋感呢？在想象空间中，一切皆有可能，没有限制。我们不必担心是否要作实际考量，我们甚至不必合乎逻辑。我们可以随时随地凭借想象力翱翔到任何我们想去的地方。想想这种自由！现在就乘豪华飞机飞去里约？没问题！用一根手指举起钢琴？轻松搞定！

这种令人兴奋的感觉十分诱人。我们可能会变得极其激动，以至于开始认为拥有一个伟大的想法才是一切的关键，从而忽视了要在物理空间中为之采取行动。（就像那个一直存在于你脑海中的小说，或是那个一直停留在计划阶段的商业计划书。）

当我们认为想法等同于实物时就会陷入困惑。我们会以为，如果我们对自己的想法足够兴奋，它们就会自己实现。这就是迷雾的开始。

想象空间是帮助我们找到指引,将确定性带入不可预测的物理空间的地方。它也是我们的智慧之声和人生意愿存在的地方。之后我们还将探索如何辨别自己是在倾听智慧之声,还只是驾车穿梭于更多的迷雾中。有了这些知识储备,当我们再接触到那些对我们而言重要的人生意愿的时候,我们就已经准备好进行游戏了。

想象空间同时也是精神原则的发源地,我们可以用这些精神原则唤醒自己,将迷雾从我们的道路上驱散开。虽然我们对物理空间的想法总是在不断变化,但是那些支撑我们能充分活出自我的精神原则是不会改变的。这些指引在现在和在 2000 乃至 5000 年前是一样有效的。我们将在后续章节中更多地了解这一点。

我们为何同时需要物理空间和想象空间?

一个想法有多激动人心并不重要。如果我们在想象空间中待得太久而不采取行动,我们反而会躁动不安,急得咬牙搓手,这一幕并不好看。无论想法多么绝妙或有创意,如果不采取行动,那我们就会感到沮丧、恼火并且变得难以自处。

同样地,如果我们只是在物理空间中采取行动,而不将它与想象空间中的任何重要的东西联系起来,我们就会陷入一种奔走的状态,我们的生活将缺乏意义。我们生活在一个接着一个的任务清单中，每一天结束时都会感到精疲力尽却毫无满足感。我们开始问自己：生活真的只有这些吗？索甲仁波切（Sogyal Rinpoche）在《西藏生死书》（*The Tibetan Book of Living and Dying*）中这样写道："我们的生活会变得像是一大群苍蝇在一个炎热的夏日午后匆忙地飞来飞去——很多噪声和动静，但没有什么方向。"[2]

　　这两种情况都令人感到极其不舒服，这正是游戏要登场的时候了。在想象空间中选择一个对你而言很重要的东西，把它和物理空间中的一个特定目标结合起来，你就有了一个值得一玩的游戏和一个值得追求的目标。你的行动有牢固的根基，你整个人是有掌控感的。你已经找到了这两个空间之间的那座桥梁，你清晰地看到了游戏中什么是重要的。你知道如何去衡量目标是否达成，你将拥有游戏完成后的成就感。

　　到了这里，事情会变得更加有趣了。要知道，游戏需要一系列的障碍来吸引我们的注意力、打磨我们的技能。当你试图把一个想法带入物理空间的那一刻起，你就会受到打击。让人感到十分意外的是，不管多么有创造力或多么有成就的人，都会面临这样的处境。我称之为"边界困难"，学习跨越这一边界是通往明朗之境的另一个关键。

第四章

边界困难

在现实世界中,实现你的梦想和想法需要跨越理想与现实的分界线。

通往美好体验的道路上必然会经过令人不适的地带。

——格雷戈里·伯恩斯(Gregory Berns),《满足》(*Satisfaction*)一书的作者

你有过这样的经历吗?你先是对一个想法非常有热情,但突然一下热情就消退了。这种感觉甚至会出现在你尝试付诸行动的关键时刻。那些曾经让你为之振奋的事情突然就变得太难、太复杂,或者比你想象中的更耗时间。也许你正想要启动自己的教练事业,也许你正想要学习交际舞,也许……好吧,其实你想做什么事情不是重点,重点是,每当你正要开始属于你的值得一玩的游戏时,总会有些事情发生。

我把这段迷雾重重、昏暗无光的经历命名为"边界困

难"。当我们接近某个目标时，我们都会体会到这种"跨越边界的困难"。令人欣慰的是，这种困难其实是一种信号，它表明你正朝着正确的方向前进。这种困难是自然的，甚至是积极的。当我第一次意识到这点时，我就感到心头的大石头忽然化为了羽毛，随风飘散。

下面我会详细地描述处在边界时的经历。你需要非常清楚地知道你自己那个版本的困难是什么，这样我就可以带领你去观察处在边界时的体验。请注意，我们不会进行分析，而是仅仅去观察，这样我们才能获得一些领悟，从而穿过迷雾找到下一步的行动方向。

现实生活中的边界困难

先来看一个生活中常见的边界困难的例子。我听不少人说过："我希望自己身体强健，这是我最大的人生意愿之一。你知道我买了多少本关于减肥、瘦身的书吗？每看到一本书标题很吸引人就会拿下。然后我就开始读，读了一会儿就停下了，因为我确定它对我没用，书里说的我早就知道了。"

想法一开始很强烈，后来慢慢就冷却了。其实每次当你尝试在物理空间中实现一个很棒的想法，或者尝试一些新鲜事物时，你都会与内心的小人儿展开类似于上面的对话。这是因为你正在跨越一道边界线，一边有想象空间的高能量,另一边是物理空间的高密度性、非恒定性和不可预测性。每当你开始任何一个值得一玩的游戏时,这种情况都会出现,并且无论你作多少分析,它就在那里,躲不过也逃不开。(相信我,我试过!)

每次当我开始写新的章节时,我都会有这种感受,写这一章时尤其如此。我整整一天都觉得疲惫不堪,而且打心眼儿里觉得自己根本没有能量去完成这一章的写作。我曾经认为,世上只有我会感到心力交瘁,也认为一定是我自身或者项目本身哪里有问题。我想既然我之前都写过书了,那这次肯定不用再经历英雄之旅的这个部分了吧。可事实并非如此。

每个人都有自己的跨越边界的体验。虽然我们会认为边界困难的出现意味着应该停下脚步、退出游戏,但其实完全不是这样的。它恰恰说明我们正在向一个重要的事情进发,并且一切安好。我知道这并不直观,但当你正在经历边界困难的时候,请试着去告诉自己这一点。正因如此,我想要向你展示,即便在这个时刻,你也可以培养出通向明朗之境的能力。

假设你的人生意愿是"成为美的创造者"。很好,非常清晰易懂。所以,接下来你选择了一个可以在物理空间中体现这个意愿的目标:打造一座带有喷泉的英式花园。这也很好。然而,当开始设计并筹划建造这座花园时,你突然从愿景和想法所带来的那种轻飘飘的氛围中脱离出来,接着陷入物理空间的高密度性。问题接踵而至：

- 我到哪儿才能找到帮我设计花园的人呢？
- 我应该选择什么样的植物？什么颜色？什么大小？
- 我哪里有那么多时间、金钱、创造力去实现这个目标呢？
- 我应该自己种吗？还是应该寻求专业帮助呢？

这些问题对于事情的推进来说的确重要，但当我们揣摩这些问题背后的含义时，就能体会到一种沉重感，因为你赋予这个事情的能量正在下沉。让我们面对一个现实：当初那个值得一玩的游戏和值得追求的目标，现在已经沦落为一系列琐碎之事。

在过去的这些年里，我让许多人把他们体验到的边界困难描绘出来。他们是这么回答的：

- 我正站在海边。那是一个温暖的夏日。缓缓靠近海水时，我闭上了双眼。我想，海水应该是温暖而柔和的。但突然之间，我被一阵寒冷的海浪击中了。当时我无法呼吸。
- 我正奔跑着穿过一片田野，但这片田野突然变成了一坨齐腰的果酱，我每前进一步都需要使出浑身解数。
- 我反反复复地尝试做蛋奶酥，但无论我多么努力，它就是不肯起酥。
- 我是一个跑步者，准备进行长跑，但我突然意识到我带错了鞋子，因为长跑路上的山坡比预计的要多。

每个人的边界困难体验都有所不同，但相同之处在于，它会让我们感到不舒服。事实上，当我们想要把一个想法带到物理空间中时，其所耗费的能量总是会远远超出最初的想象。如果看看火箭发射的原理，就能很容易理解为什么边界之处会需要更多的能量。火箭升空的大部分燃料其实是在发射时消耗的。当火箭发射时，短短几秒内消耗的燃料量令人震惊。在短暂的瞬间，你会看到烟雾似巨浪一般从火箭的底座喷涌而出，而火箭却纹丝不动。最后，伴随一阵微弱的甚至是若有似无的颤动，火箭开始缓缓移动。它开始冲破阻力，缓缓上升，然后声势浩大地飞向天际。

火箭升空的原理同样适用于我们实现目标的过程。无论我们进行了多么万全的准备，物理空间的高密度性让推进计划所需的能量总是远超我们最初的想象。

物理空间与想象空间的能量层级不同还只是边界困难的一部分，我们还会在边界上遇到"非恒定性"和"不可预测性"。还记得我们前面提到的英式花园吗？在想象空间中，它也许只意味着一个计划、一条时间线和一些预算。但在物理空间中，这座花园便意味着你得时时刻刻进行调整，以应对不时之需。也许建造花园的耗时远超你的预期；也许你提前用光了预算；也许你本来打算很快就能建好一个凉亭,却突然发现不得不先去申请一个建筑许可证。类似的意外情况循环往复。如果你曾经自己装修过家里,或者曾经协助过你的朋友进行装修,那么你一定会理解我所说的话。

那些极具创造天赋并敢于进行大冒险的人,会比常人遇到更大的边界困难。想想乔治·卢卡斯(George Lucas)和他制作的《星球大战》(Star Wars)系列科幻电影:荒漠的沙砾对拍摄装备的磨损与破坏,起初无法做出预期特效的困窘,很快超出预算的压力……而这些仅仅只是开始。

你可以选择咬紧牙关,埋头苦干,在边界困难中开辟出一条道路。也许你能够到达想去的地方,但最终你很可能精疲力尽、狼狈不堪,而我们想要的是明朗之境。所以我们在探索的是,如何在边界困难中,仍然保持清晰、专注、从容和感恩。

当你学着去观察自己的边界困难时,你便开始掌握很大一部分的主动权了。你理解现在正在发生着什么,眼前的浓雾会渐渐消散。同时,因为你看到了边界困难,所以你不会耗费大量的精力去和它对抗。你只是退后一步去观察它,保持着清晰和专注。

还记得鱼儿跳出水面时所感受到的"观察距离"吗？一段观察距离会给你一些呼吸的空间。也许你仍需要暂停,但不太可能半途而废。现在让我们接着来看看,在经历边界困难时,你的大脑是如何作出应激反应的。

心猿：忠实的对手

　　"心猿"是佛教用语，我在过去 20 年的工作中常常使用它。心猿代表着我们思维的一个方面，它总是对我们喋喋不休，让我们在忧虑与怀疑之间徘徊。我们的心猿始终都在担心我们的生存问题。它不分主次，认为任何事情都是重要的，任何事情都会对我们造成威胁。

　　心猿从始至终伴随着我们，它可能对我们作为人类这个物种的存活来说是有价值的。试着这样理解：当我们的祖先生活在山洞里或是热带草原上时，他们并没有獠牙和毛皮，也无法长途奔袭，但却已经拥有一种可以预测未来的思维模式，提前为可能出现的危险进行准备。这就是心猿，一种极为高效的、预测负面可能性的机制。生理心理学认为这种思维是大脑中的一小块地方——杏仁核（amygdala）的产物。大脑中的杏仁核会激发人们对于危险的反应：反抗，逃跑，或不知所措。杏仁核的使命在于保护我们免于危险，所以它会让我们时刻保持警觉，随时准备逃跑或反抗。可事实是，除非确实是遇到紧急情况，我们已经不再那么需要它了。但是，心猿却认为任何新的、与先前不同的情况（包括追求我们的理想和目标）都很紧急。

　　心猿根深蒂固且因人而异。它会提醒你去关注特定的事情，然后还会反反复复地提醒。当我们面对边界困难时，你我的心猿所说的话可能相差甚远。虽然它们说话时的样貌和语气可能很相似，但那些我们每个人限定自我的内在对话都是基于个体经验的。这也是为什么当心猿对我们喋喋不休时，它说的话听起来逻辑清晰、不可否认，甚至极具诱惑性。一些戒瘾治疗项目会这样来描述大脑的这个方面："狡猾，令人困惑，并且非常强大。"

现在，为了驱散你英雄之路上的迷雾，我们来观察一下你的心猿。这里我想再次强调：如果你能够观察到你在边界遇到的困难，那你就已经开始有了一些解决困难的力量。如果你能够预测并且观察到边界困难，你就不必浪费时间和能量去尝试着让它消失，或者去担心"一定是哪里出了问题"。

早在我们英雄之旅的起点，心猿就会向我们挥手致意了。在《绿野仙踪》中，桃乐丝和她的朋友们进入女巫森林，入口处有一块指示牌，上面写着："如果我是你，那么我一定会转身离开。"心猿也会说这样的话，但是英雄一定会义无反顾地继续前进。

下文"如何区分你的心猿之声和智慧之声"部分的清单列举了心猿的一些常见表现，我称之为"心猿症状"。每一个症状的旁边是与之对应的例子。当你阅读这个清单时，可以拿出一张纸，写下你较为熟悉的症状，并且简短陈述它们是如何在你的生活中体现的。（当你开始做这个练习时，如果听到脑海中有个声音在说"我不知道哪些是较为熟悉的"，那么这其实对应的就是第一个症状——模糊不清。）

在开始列举心猿症状之前，让我先来着重指出那些反复出现在我自己生活里的症状：

- 默认自己是受害者或牺牲品，比如：没有人明白我多么努力地工作。
- 拿自己与他人进行比较，比如：其他人锻炼身体的时候比我轻松多了。
- 非黑即白，比如：除非我跳得像个专业舞者，否则我就不会去上交际舞课。

在做这个练习的时候，请温柔地对待你自己，并且请注意，我并不是在要求你去分析为什么会有这些症状。还记得吗？这样做只会加重迷雾。你只要留意哪些症状对你而言是熟悉的，就可以了。

在你读完心猿症状清单并且记录下你脑海中这些声音是如何跟你对话的之后，请拿出第二张纸。请思考：有什么事情是你一直以来都想要实现却一直无法如愿的？请把你的答案尽可能详细地写下来。它是一个你想要着手去开展的项目吗？是一次你想要进行的旅行吗？是一次修养身心的练习或是一项体育运动吗？是一份你想要得到的工作吗？尝试去找那些你已经搁置在一旁却一直在等待着被你关注的事情。

先在第二张纸的最上方写下这件事情作为标题。然后，思考一下为什么没有做成这件事情，把脑中所有的想法都写下来。请认真对待这个练习。花几分钟写，写完后拿出心猿症状清单。概括你所写下的原因然后对照着看清单,看看是不是还能发现其他你所熟悉的心猿症状。如果有,就补充到第一张纸上。这样,第一张纸就成了你自己的心猿症状清单。

现在,请把刚刚你写的两张纸放在一边,至少一天不要去翻阅。之后,你可以按照如下方式继续这个练习:

- 至少和一位朋友交流你的心猿症状。这样做是为了让你逐渐习惯于观察心猿。
- 在之后的一周里,认真倾听你脑海里出现的或者嘴里说出来的心猿的声音。
- 不要干涉这些声音。记住,不要去分析。你只需要观察它们。

如果你像许多其他人一样学习着去认识、观察心猿症状,那么你会发现,很多症状其实已经伴随你很多年。即使每次症状出现的时候你都感到新鲜,但你渐渐会知道,无论你的处境如何、目标是什么,它们基本毫无改变。特别是当那个目标需要你去学习一些新技能时,情况更是如此。记住,值得一玩的游戏的一大特点就是你有可能会输掉游戏,而这正是心猿的触发点所在——这件事情是有风险的。

继续观察你的心猿,不要加以任何干涉。在接下来的一章中,你会学习如何把注意力转移到目标和梦想这些更有趣的事情上,但是现在,做到保持观察就已经非常好了。

如何区分你的心猿之声和智慧之声

为了获得"清晰",我们需要关注内心的声音,但是我们如何分辨内心的声音究竟是智慧之声,还是心猿在喋喋不休呢?当然,心猿希望我们以为它是智慧之声。因此,培养我们的观察力将会很有帮助。

总体来说,心猿有以下一个或多个特质:

- 它很固执,好像在说:"听我的,必须是现在。"
- 它充满求生欲,它让我们的身体感到紧张。
- 它会引起一种糟糕或厄运将至的感觉。
- 它充满防御性,它让我们在接受反馈时感觉是在被指责。
- 它毫无幽默感,除非是为了转移话题而制造幽默。

与之对比,你的智慧之声有着以下一些特点:

- 它充满慈悲同理心,不仅对你自己还是对其他人。
- 它让你心里宽敞,你的内心是放松的。
- 对于你或者你所处的环境,它有一些温和友好的幽默感。
- 它很慷慨,对人对事都是友善的、包容的。
- 它让你觉得一切安好。

心猿会在你的耳边喋喋不休、大声喧哗,而你的智慧之声却是温和的,因为它知道即使你此时此刻不正视眼前的

问题,未来迟早也需要面对它。学着去观察而非干涉心猿,
它的声音就会变小,你的智慧之声便会得以显现。

心猿症状清单	
心 猿 症 状	例 子
1. 模糊不清	- 我觉得我知道下一步应该做什么,不过我还是不太确定。 - 也许我可以下个月再做这件事情。 - 我只是想要生活变得更好,但我真的需要目标吗?
2. 稀缺思维	- 事情不可能有好转了。 - 我没有足够的脑力、金钱、时间、创造力去做这件事情。
3. 将过去或者未来等同于现在	- 我之前也这样做过。 - 过去就是这样,为什么未来会变?
4. 防御性思维	- 你什么意思? 你居然说我不够努力? 我比你想象中的要努力得多! - 我没有为自己辩解! 我只是不喜欢你说话的态度!
5. 认为别人针对自己	- 我在找更多客户,但我被拒绝太多次了,所以我决定不再打电话尝试了。 - 真不敢相信,她居然那样对我说话!
6. 与他人比较	- 我从来都比不过我的同事。 - 绝对没有人和我一样的顾虑,他们都一帆风顺。
7. 逃避退缩	- 这太难了,而且我不确定这是不是真的能帮到大家。 - 这不会带来什么改变的,一切可能依然如旧。 - 还是老样子。

心猿症状清单	
心 猿 症 状	例 子
8. 默认自己是受害者/牺牲品	- 我非常努力地尝试,付出了很多,但没人回应我。 - 当你到了一定的年纪,就没人会雇佣你了。 - 我想要努力争取,但没人帮我。
9. 非黑即白	- 如果到了下周我还没有获得五位新客户,那我还是放弃算了。 - 我要么刷爆信用卡,要么就会觉得自己很穷。
10. 编造借口	- 我没法去了,因为我有更重要的事情要做。 - 要不是电子邮件系统出问题了,我肯定可以顺利完成那个项目的。
11. 自我辩解	- 我之所以没有给任何人打电话,是因为我不想让这个目标毁了我的周末。 - 我知道我自己承诺过今天要写三页材料,虽然没完成,但我是在用这段时间让自己充分休息。
12. 合理化	- 我本想要做这件事情的,但是你要知道,我身兼数职,压力真的很大。 - 你看,每个人都超速,所以我超速也肯定是没问题的。
13. 自我分化	- 一部分的我总是毫无头绪。 - 如果我能把脑海中的碎片都拼在一起,那么我就会好起来的。 - 我没法控制,一部分的我就是想要摧毁这一切。
14. 转移话题:插科打诨,分散注意力	- 我知道我有钱,我的支票簿里还有支票呀。 - 我知道我说过要戒糖,我也不是真心想吃那个巧克力冰激凌。

心猿症状清单	
心 猿 症 状	例 子
15. 自我强化：把一个抽象的概念看成是物理空间的一个实体	- 我的观点坚若磐石。 - 我有着严重的缺乏自尊心的问题。 - 我是打算写更多的,但我现在处于作家都会经历的写作障碍阶段。
16. 冲动行事	- 我想得到我想要的一切,就是现在! - 我明天就要辞职,然后全身心投入教练事业。 - 我就是要去购买很多新的办公用品。我想要有一个好的开局!
17. 条件限制	- 如果我有更多的时间,我就能完成那个项目了。 - 如果那件事情有一些眉目,那我也许就会去争取更多支持来做它了。 - 我觉得大概到了下周我就会给你打电话了。我试试看吧!
18. 抱怨/暴躁	- 我自己可以做得不错!因为其他人太慢了,所以我被拖了后腿! - 我的压力实在是太大了,这就是我失败的原因。 - 虽然我做了分内之事,但为什么事情没有按照我的预期发展呢?无论如何,我尽力了,不是吗?
19. 虚幻想象	- 我知道这件事情为什么这么难了:这是神明的旨意,神明觉得我不应该做这件事。 - 如果这是我命中注定该做的事,那么应该会更容易一些。 - 我觉得我没有与生活和解,这就是我的生活总不如意的原因吧。

心猿症状清单	
心　猿　症　状	例　子
20.　多疑猜忌	- 她不理解我所说的话,她明明就是毫不在意。 - 没人注意倾听我,他们觉得我没什么内容可说。 - 为什么只有我没收到那封电子邮件? 他们不在乎我的意见吗?

让我们来回顾一下关于"清晰"的学习历程。

我们探索了自己"产生迷雾"的机制,并且意识到,很多我们为了走出迷雾所付出的努力其实是南辕北辙。我们认识到了观察对于达到明朗之境的价值所在。分析为什么这样的思维模式会让我们越陷越深、产生更多迷雾,而观察则能带领我们到达迷雾的上空。

我们已经看到,建立值得一玩的游戏能够激发我们的能量,并且指引我们走向明朗之境。值得一玩是因为它体现了我们的人生意愿。这是由游戏的规则、物理空间和想象空间的本质所决定的。

我们也学习到,为了实现内心的梦想,你一定不能在物理空间和想象空间的边界处止步不前。你可以预料到,当为了实现目标而采取行动时,物理空间一定会把你往后拉。这正是你步入正轨的信号。哪里都没出问题,你正在经历历史上无数人都曾经历过的。你的游戏正式开始了。

如果你能将这些认识铭记于心，那么你会发现，当你为了梦想或目标而努力时，如果听到了心猿的声音，那么正说明了你是在正确的道路上前进着。你正在做重要的事情。你没有任何问题，你的梦想也没有任何问题。心猿只是在给你一个信号，告诉你，你正朝着对你而言重要的目标，走入一个未知的领域。仅此而已。这是一件好事！

记住这个关键点：如果你听从了心猿的声音并被其成功干扰，然后在边界处停了下来，你就是在"奖赏"它并给它能量，那么它下次只会变得更强势、更喧嚣。相反，如果你能熟悉自己心猿的运作模式，你就能知道它什么时候来，来了也能观察它。当心猿开始喋喋不休时，你便不会被蒙蔽、被打倒或被引入歧途。你可以只是向它轻轻地点点头并说："谢谢你的分享！"然后继续你的游戏，坚持走在属于你自己的道路上。

第二步

强化专注

第五章　你已经是自己愿意成

　　　　为的人

第六章　品格标准

第七章　选择你自己的结论

第五章

你已经是自己愿意成为的人

人生意愿是你专注和明朗行动的蓝图。

没有行动的愿景是白日梦；没有愿景的行动是噩梦。

——日本谚语

有时你会经历一种极致美好的体验，美好到即使生命就在那一刻终止你也会感到圆满。这不是病态的想法，这说明你知道自己所做的正是注定要做的。在那一刻你活得淋漓尽致。

有时你很难发现自己注定要做什么，尤其是当你被物理空间的高密度性、非恒定性和不可预测性困扰着，同时心猿还在你的肩膀上不停地嚎叫的时候。你需要的是一块试金石，来让物理空间中的旋涡得以平息，让你不断变化的思想和情感得以稳定。这就是为什么了解和专注于自己的人生意愿很重要。

我来给你举一个例子。库尔特是美国中西部一家医院的牧师,他对我说:"我的人生意愿之一就是成为一名卓有成效的疗愈师。两周前,我去医院看望一位第二天要做冠状动脉搭桥手术的病人。他脸色苍白,很害怕。事实上,之后的手术进行得十分顺利。在我去看望他的那个晚上,他想告诉家人自己非常爱他们,但又不想让他们太焦虑或像是在听临终遗言。在他的允许下,我组织了一场仪式,帮助他们向彼此诉说自己有多么珍爱对方。他们哭着拥抱在了一起。那一刻,房间里洋溢着满满的幸福!光是看着他们脸上的神情就让我豁然开朗。之后我想,我没有什么遗憾了,因为我已经做了进入这一领域要做的事情。"

　　我们在第三章里提到过人生意愿这个概念,现在我要请你制作你自己的人生意愿清单,以便你明确哪些意愿对你而言是重要的。这份清单源于过去 25 年以来成千上万人的反馈结果。最开始还没有这个清单的时候,我会问参加讲座的人,在这一生中,最想要别人记住他们的是什么?这是为了让每个人看到生命中对自己而言最重要的是什么。我让他们开始想象:你在偷听你的朋友们商量如何在惊喜生日派对上对你致敬赞美。我问他们:"你会想要你的朋友们和所爱的人怎样描述你?"大家紧张地笑一笑过后会说出一些特定的品质,这些品质代表的不是他们的所作所为,而是他们是什么样的人。

　　随着我们继续谈论如何活出这些品质,屋内的气氛慢慢变得轻松,大家放松下来,露出了微笑。就好像我们一起做了一次深呼吸，整个群体的心猿都安静了下来。这时我开始明白，这是一种直视我们内心、认识自己到底是谁的方法。仅仅是谈论这些品质就可以带来一切安好的感觉。我开始把它们称作人生意愿。意愿是一个方向、目标或目的，我们讨论得越多，就越能看到人生意愿给我们带来的意义，并且可以围绕它们来规划自己的人生。

你的人生意愿是你来到这个世界上生活的目的和向导，它们与你内在是谁是一致的。你可以将其用作一把稳稳的椅子，坐在上面观看人生旅程中变幻的风景。同时，它们又是一张张行动的蓝图，确保你在英雄之路上迈向明朗之境。

你会被某些特定的人生意愿吸引，对其他的则不然。这也能够理解。因为这些品质存在于想象空间中，不受物理空间的高密度性、非恒定性和不可预测性影响。此外，不管任何时候你对自己的想法和看法是什么，这些人生意愿都仍然属于你。因此，你完全不用为它们焦虑，你需要做的就是找到在物理空间中把它们活出来的方法。

请完成接下来的人生意愿清单，你会无比清楚什么对你而言是重要的。你会获得创造值得一玩的游戏所需的专注。

带上人生意愿清单

你需要一支笔和一张长宽比5∶3的卡片来完成清单。首先请阅读下文的"人生意愿清单"里的每一个意愿。你会发现这些人生意愿并不指向特定的想法、情感或行动，而是反映出一种活着的方式，并且都十分精准。先浏览一遍，然后再从头开始按照说明填写清单。

在开始之前，给自己一点时间，深呼吸。随着你专注于最重要的人生意愿，你会重新关注那些超越日常想法和感受的、最本质的价值和愿望。你可能会感受到人生充满了机遇和希望。人们在思考了最重要的人生意愿后，常常表示自己内心会有能量的微妙转变。他们轻松了一些，更加充满活力。

人生意愿清单

请先通读左边列出的人生意愿，然后从第一个意愿开始，根据它们对你的重要性打分。5分代表"非常重要"，1分代表"相对不重要"。在清单的最后，你可以写上对你而言非常重要，但清单里没有列出的人生意愿。请注意，这只是反映你当下的想法，你对它们的打分以后可能会发生改变。

我的人生意愿是成为：	1	2	3	4	5
财务成功的人					
身体强健的人					
成功的艺术家或雕刻家					
成功的音乐家或作曲家					
成功的作家、剧作家或诗人					
对自己所在社区有贡献的人					
有爱的家庭成员（母亲、丈夫、表兄妹等）					

人生意愿清单				
在精神层面持续发展的人				
受人尊敬的专业人士				
卓有成效的教师				
受教育程度高的人				
美的创造者				
卓有成效的教练				
卓有成效的疗愈师				
走南闯北的旅行者				
卓有成效的导师				
成功的企业家				
探险者				
卓有成效的心理咨询师				
卓有成效的牧师				
有远见的领导者				
成功的沟通者				
慷慨的朋友				
成功的团队成员				

现在,请回顾那些你打了 4 分或 5 分的人生意愿,把它们写到那张长宽比 5∶3 的卡片上。请你把这张卡片随身

携带一天,并且至少看它 3 次。就这么简单。当你看着这张卡片的时候,让自己得到片刻的休息。

当看着这些得 4 分或 5 分的人生意愿的时候,你可能会发现有一些人生意愿好像一直伴随着你。比如:打我记事起,"成为探险者"就是一个 5 分的意愿;"成为成功的企业家"这个意愿在过去的 20 年里也一直非常重要;立志"成为卓有成效的导师"也已经有 5 年了。此外,你还可能会发现自己的人生意愿在一定程度上互相关联。这是因为每个人生意愿都指向同一个人的不同方面。

现在浏览一下你的人生意愿清单,你可能会先感到宽慰,但立马又会感到遗憾,觉得某些意愿做得不够。请不用担心这样的感受。这个遗憾的感觉是心猿被唤醒了的自然结果。记住,心猿是一个忠实的对手。它站在想象空间和物理空间的边界上,大喊:"如果是我,就会掉头回去!"或者:"对你来说一切都已经太迟了!"温和地观察这些想法,不要试图反驳或分析根源,然后重新聚焦到那些美好的人生意愿上。

请把你的人生意愿清单随身携带一整天。一天里至少拿出来看 3 次——早上、中午和睡前。让自己习惯这些人生意愿的陪伴。这些时候,你是在为创造值得一玩的游戏、设定值得追求的目标奠定基础。

在此期间,问自己以下问题:

● 当看着这些对我而言重要的人生意愿时,我体会到了什么？身体感觉如何？脑海中涌现出什么样的思绪？

- 如果讨论这些人生意愿代替了讨论我的担心和疑虑，我的生命质量会如何改变？

在上一章里，我建议你向别人诉说你的心猿之声。现在，也请你同样和别人分享你的人生意愿清单。当你和别人分享对自己而言重要的人生意愿时，注意观察你的能量变化。这样做最大的好处就是，当你每一次在日光下谈论它们时，你会对自己的人生意愿愈发感到真实和熟悉。它们会在你的脑海里逐渐深深扎根。

激活你的人生意愿

现在来回顾一下第一章里讨论过的原则——表示愿意。我们将把它加入你的人生意愿里，从而为你带来有力的能量提升。

正如我们之前所探索的，你最强大的天赋，那个指引你到英雄之路上的天赋，就是你表示愿意的能力。不管心猿怎么说，也不管物理空间中发生着什么，都表示愿意。表示愿意是一种非常有效的肯定。事实上，我认为这是最强有力的肯定。

肯定背后的基本原则是，指出此时此刻什么是真实的。它与未来无关，因为未来仅仅是物理空间中的一个概念。

它也不会唤醒心猿，因为当说出关于此时此刻的事实时，我们思维中有关心猿的那部分并不会被激活。心猿很大概率会来评论我们的所想所感，让我们想起一些过往的经历，或者预测未来会发生的可怕的事情，但是当我们对此时此刻的真实情况作出肯定时，心猿就没有立足之地了。举一个很普通的例子：当看到太阳的时候，你进行肯定："太阳在发光。"心猿不会说："不，它没有。"因为你陈述的是事实。

可能你不知道如何实现自己的人生意愿。可能你觉得当下自己没有时间、金钱、精力或创造力来实现它们。可能你和心猿会想这是不可能的，采取行动很危险，或者觉得愚蠢、感到恐惧。别把眼光局限在这些杂念上。尽管如此，你是否仍然愿意？我没有要你说你有能力、有信心或是假装自己已经成功了一半。我只是在问，在迷雾之中，透过心猿喋喋不休的喧嚣，你是否能听到一个"是"的声音。

仔细倾听你自己，我敢肯定你能听到这个"是"！（注意：这不是听起来虚弱的声音，它非常强烈、柔和且清晰。）愿意，是基于你的本性的，反映出了你的英雄之心。你可能都不知道自己是愿意的。即便你读完这本书后没有任何收获，我也希望你明白，你一直都愿意对生活说"是"。当我们没有认识到这一点时，就会感到痛苦。

让我们再来切实体会这一点。你将创造一个"根本性肯定"清单。在第一章里，我建议把"我愿意"这几个字写在一张长宽比5∶3的卡片上，随身携带几天。现在拿出这张卡片,把它放在你的人生意愿清单左边,先说"我愿意",然后紧接着读出第一个人生意愿"成为……"。例如,如果你有一个人生意愿是"成为在精神层面持续发展的人",那么你就会说"我愿意成为在精神层面持续发展的人"。用清单上的第一个人生意愿来试试看。

结果怎么样?你刚刚作出了一个不受心猿影响的根本性肯定,因为你指向了在此时此刻的真实。获得 4 分或 5 分的人生意愿对你而言是重要的。当你给它们打出 4 分或 5 分的时候,不论你自己是否意识到,你已经对它们表示了愿意。当把"我愿意"放在开头,然后读出根本性肯定,你就驱散了迷雾。你会看到那个已经在等待着自己的"是"。现在,请在你的人生意愿清单上的每一个人生意愿前面写上"我愿意"。

我建议你把这张卡片再随身携带几天,每天拿出来读几遍,从而提醒自己什么是重要的,在做重要的事情之前拿它来给自己指明方向。乔尔就这么做了。在跟信贷员见面之前,他从自己的卡片上读到"我愿意成为成功的企业家"。卡片让他平静下来并且专注于眼前的目标。他进行了充分的准备,成功拿到了贷款。更重要的是,这个根本性肯定让他以比想象中更小的压力、更少的能量消耗拿到了贷款。这就是明朗之境——清晰、专注、从容和感恩。

请用你的人生意愿演练一下。如果你的人生意愿之一是"成为慷慨的朋友",那么可能在你和朋友共进午餐前读这条会有所帮助。"成为有爱的家庭成员"或"成为美的创造者"也一样。

有一点特别重要,所以我要强调一下:使用肯定性话语之所以有效,是因为秘密在于,肯定当下你认为真实的,而不是肯定你希望未来会变成现实的。按照这个思路,你可以肯定在想象空间中真实的事物,而不要用肯定性话语试图去改变物理空间中的任何事物。试一试下面这个练习,你可以更好地理解我想说的:

- 大声说出这个肯定:"我很富裕。我拥有所有我想要的钱。"

  现在,再大声说:"我愿意成为财务成功的人。"

- 大声说出这个肯定:"我拥有我梦想中的关系。"

  现在,再大声说:"我愿意成为有爱的家庭成员。"

根本性的肯定,也就是以上每组练习里的第二个选择,它指向的是真实的你。因此,心猿基本不会抗议。你的内心能轻松接受这些内容,你不需要训练自己用什么特殊的方式进行思考,也不需要进行任何斗争,你没打算改变物理空间中的任何事物。相反地,你只是在提醒自己什么是重要的,从而能够创造值得一玩的游戏。把关注点转向包含人生意愿的根本性肯定吧,这样才能开辟新的可能性。

相比之下,当你试图说服自己和心猿不存在的东西确实存在的时候,心猿就会开始发声了。当我们选择上面两组练习里的第一个选择时就会这样。我们的思维开始反抗,想证明它不是真实的。请记住,心猿总是在寻找物理空间里任何可能出错的事情。当你告诉心猿一些此时此刻存在的事物,但心猿发现这些并不属实时,心猿就会引发你的思维混战。

对付紧张不安的心猿很耗费能量。我们越用肯定性话语来试图控制物理空间、想法或感受,心猿就叫得越凶。根本性肯定是由内而外起作用的,因为你最先关注的是自己愿意把什么活出来。不去试图改变现实或重构思想,可以节省出能量去实现你的梦想。这就是能量效率!

放宽心,你永远都无法充分实现自己的潜能

每当我和人们谈论如何过他们注定的生活时,就会有人问:"请告诉我怎么样才能充分实现自己的潜能。"这时我就会回答:"放宽心,你永远都实现不完的。"

潜能存在于想象空间。想象空间中的任何东西此时此地作为潜能就在眼前。潜能的定义是:

- 有可能,但尚未实现。
- 实现未来发展或成就的能力。
- 可能的,崭露头角的,承诺,潜质。

潜能就是在物理空间中尚未被实现的东西。按照潜能的定义,你不可能充分实现自己的潜能。这是个好消息。每当想到自己需要充分实现潜能时,你是不是悄悄地有一

种不祥的预感？因为在内心深处，智慧之声知道你永远做不到那样。事实上，事情本就不该如此。当你充分实现潜能的时候，潜能就不再是潜能了。你能做的是和想象空间中的潜能共舞，从而在物理空间中创造一些东西出来。

可以这么理解：你有一只脚踏在物理空间里，另一只在想象空间里。通过在想象空间中找寻对你重要的东西，同时有计划、有步骤地在物理空间中实现它。你的兴奋之情正源于此。潜能就是指某些事情在物理空间中发生的可能性。可能性用之不尽，因此你也永远无法充分实现自己的潜能。

现在，从想象空间的角度来说，你已经是自己愿意成为的人。如果你愿意"成为慷慨的朋友"，意味着从可能性的角度来说，你已经是这样的一个人。这是因为，为了想要成为慷慨的朋友——要动这个念头或者把它写在纸上——你肯定知道这样的朋友是什么样的，你的内心已经有这幅蓝图了。你需要做的就是在物理空间中用行动展现出自己是慷慨的朋友。

对于"成为财务成功的人""成为身体强健的人"以及其他的人生意愿而言，也是同样的道理。这些人生意愿已经以潜能的形式存在于你的心里了。这就是为什么当把"我愿意"放在这些意愿前面时，你可能会发现心门被打开了。你已经是一个慷慨的朋友，一个身体强健的人，一个探险者，或是一个在精神层面持续发展的人。你的内心已经有蓝图了，你需要做的就是把它们活出来。

让这个意识在你脑海里慢慢扎根下来吧。我花了多年时间才明白刚才写下的这些内容。过去的我，常常倾向于去看自己有什么不对，而看不到生而俱有对的东西。我会着眼未来那个自己可能会成为的人，而不是当下本来的样子。每当我这么做的时候，内心都会一紧，与之相伴的还有担心自己可能做不到的忧虑。我可能会失败，并且不会变得更好。

在跟那些发现了自己人生意愿的人们接触时，我看到他们的脸因喜悦而放光。他们回归了自我。我开始明白，当我们的谈话反映出真正的自我时，我们的内心会变得充盈。相比之下，当说到担心自己永远无法成为自己想要成为的人时，我们的心就会更紧绷。

我们来到这个世界是为了找到那些让我们兴奋的想法，然后通过行动来实现它们。我们都渴望作出某种贡献，渴望能够给家庭、朋友和社区带来积极的影响。那些反映出一个或更多人生意愿的想法是令人振奋的。这些想法清楚地表达了我们该作的贡献。专注于这些想法会给我们带来宽慰，也能为我们指明方向。我们看到自己的内心已经充盈完整，只是等待着被呈现出来。我们可以在呼吸中感受生命，知道一切安好。

熟悉你的人生意愿

请记住，在接下来的三四天中，我只需要你把这张卡片带在身边，每天拿出来看几遍。这样做的时候你可能会注意到，自己被牵引着去寻找体现人生意愿的特定方法。我们在第三章中说过这种目标设定。现在，让我们专注于真正去了解这些意愿——认识它们，肯定它们，并加固它们的基础。

试试你的人生意愿，逐渐习惯它们的质感，让它们适应你，就像是一双心爱的舒服鞋子一样。穿着这双鞋四处走走。请注意，当你阅读你的人生意愿清单时，你的能量会发生什么变化。请给自己一些阅读清单的愉悦感和放松感。

请多花一些时间和你的人生意愿相处，你会发现它们既关于你，又不只关于你。我的意思是，人生意愿让你有机会做对你来说重要的、又有益于他人的事情。人生意愿要你把注意力从那些日常的担忧中移开，放到你在人生中想要完成的事情上。担忧可能永远不会消失，它们也不必消失。你已经找到了更有意思的事情来集中你的能量。你让自己转向明朗之境，就像向日葵对着太阳那样。如果你曾经等待着生活变得清晰，那么现在你会发现自己正带着清晰、专注、从容和感恩，欣然奔跑在你的游戏场上。

第六章

品格标准

你如何去做比你做什么更重要。

仔细列出你曾经经历过的、让你感到憎恶的事情，永远不要这样对待他人；再列出曾经为你做的、让你感受到爱的事情，多为他人做这些事情。

——迪伊·霍克（Dee Hock）①

有人说，我们每个人会呈现出三个层次的"自我"。第一个层次是"伪装"的自我，它是我们的面具。这种面具常常出现在工作会议、公众活动或者和陌生人的聚会中。我们希望给他人留下良好的印象，或许这就是我们要伪装的原因。大部分人都会在新环境中伪装自己。

在伪装出来的自我形象之下，是第二个层次的自我，即

---

① 《浑序时代的诞生》（*Birth of the Chaordic Age*）的作者，该文收录于《快速企业》（*Fast Company*）杂志。——译者注

我们所"担心"的自我。它来源于我们对自己的怀疑，每个人都心存这种怀疑。我们担心打扮得过于隆重或者过于随意，担心说出的话不够高明、使人发笑。我们害怕自己无力促成某种局面，担心别人能比我们更出色地处理这一切。

心猿在这两个层次上来回跳跃。你不妨试着回顾一下第四章介绍的心猿症状。找出几个症状来进行分类，看看它们主要是和"伪装"有关，还是和"担心"有关，还是两者兼而有之。例如，对于"拿自己与他人进行比较"这个症状，你可以看看它是如何被用来假装自己看起来很好，或是如何被用来担心自己看起来不够好。

如果再深入一点我们就会发现，第三个层次的自我，即"真正"的自我，处于中心位置。这正是英雄之心的含义。我们的品质展现了我们内心中的自我，它们超越了我们对于自我的担忧和顾虑，它们独立存在于我们当下的想法和感受之外。你的人生意愿就属于这一类，因为它们代表着对你而言最重要的事情。如果你现在看看那些得了4分或5分的人生意愿，你会发现它好似灯塔之光一般，能穿透心猿产生的任何迷雾。

倘若能快速轻松地找到真正的自我，你就能少花些时间和精力假装成他人，并且减少对自我的忧虑。专注于你的人生意愿，你就能穿透层层的虚伪和忧虑，让自己的人生意愿将你领向英雄之心。发现英雄之心有什么好处？答案是，它将带来进一步的清晰。这让我想起了莉莉·汤姆林

(Lily Tomlin)说过的话："我一直都想活出我自己,但现在我意识到我应该做得更具体一些。"

然而,大多数人在心猿的干扰之下,花了很多时间在伪装和忧虑之间周旋。当期待着参加高中毕业 10 年同学会时,我的内心着实上演着心猿两部曲。在同学会开始的前两周,我一直在想:我 16 岁时穿的牛仔裤怎么穿不进去了?任何关于我身材没变的掩饰都不能成立。我穿着整整大了两个尺码的宽松裤子来到学校,担心听不到"玛丽亚,你一点都没变!"这样安慰我的话语。讽刺的是,我所钟爱的寄宿高中位于亚利桑那州的塞多纳,这里以精神能量闻名。这里的红色岩石十分庄严,而且这个地方能立刻给人带来平静、积极的感受,除非你忙于伪装和忧虑。

我希望自己那时就知道人生意愿的指引体系,助我抵达英雄之心。我们越是始终如一地遵循这个指引体系,就越有可能随时随地与发现的乐趣欣然起舞。至少在下一次聚会时,我已经学会了更快地察觉到自己的虚伪和忧虑,然后可以做到把注意力转移到更有趣的事情上,比如我的人生意愿——成为慷慨的朋友。

英雄惜英雄

让我们来看另一个用于创造明朗时刻的专注力工具。正如认识到你的人生意愿一样,这个工具将指引你创造值得一玩的游戏、设定值得追求的目标。你要列出一张名单，名单上的人具备你所欣赏的品质。

专注力工具从这些问题开始：你仰慕谁？谁激励了你？这些年来，我向成千上万的人提出了这些问题。有些人有清晰、现成的答案，而有些人则需要考虑一段时间。我们往往会发现，寻找人生榜样、启迪导师或心中英雄总是可以让人平静下来并且感受到精神上的振奋，可以产生和审视自己人生意愿同样的效果。

现在，请拿出一张空白的纸。回顾第五章谈及的人生意愿清单，找出得分为 4 分或 5 分、对你而言很重要的人生意愿。例如，如果你对"成为在精神层面持续发展的人"这一人生意愿打出高分，那么请把这句话写在新拿出来的空白纸上。

接下来，想想那些在物理空间中活出了你列出的人生意愿而激励你的人。哪怕你发现只有一个人满足你的要求，那也很好。再选出另一个人生意愿，同样找出那些践行这种意愿的人。在这之后，你可以用其他的人生意愿继续这个过程，或者仅仅在名单上添加拥有一种或多种你所欣赏的品质的人。这些人可能活着，也可能已故；可能是你认识的人，也可能是公众人物；可能是你的家人、朋友圈里的人，也可能是在你生命中的重要时刻指导过你的人。暂时不要去想这些人身上哪个具体的品质是你所欣赏的，之后我们会找到这些品质。当下，把注意力放在你所列出的人身上。

请耐心地完成这份名单，因为仅仅看到是谁激励了你就可以引发你自身能量的转移。当你想到他们的时候,你可能会发现自己的身体放松了、内心打开了;可能会产生一种感激之情,感谢真的有人拥有这些品质。在继续深入之前,多给自己一点时间来感受这个名单。

多年来,我和许多在一生中取得巨大成就的人有过交流。他们中有的人创办了成功的教会,有的人拥有了蒸蒸日上的土地开发企业,有的人管理着拥有几十亿美元预算的国家机构,还有的人成了著名的艺术家、作家和记者。当我请这些成功人士介绍自己仰慕的人时,几乎每个人都能当场给我列出一份名单,并且是立刻给出、没有犹豫。这些成就突出的人能够欣赏他人的伟大之处。

兰德尔(Randall)曾说过:"我知道这听起来可能有点奇怪,但有时在重要会议之前,我会问自己:'托马斯·杰斐逊会怎么处理这个问题?'我可能不会得到一个具体的答案,但不知怎么的,仅是问这个问题就已经可以让我站在一个不同的角度去思考。我会冷静下来,思路也越发清晰。我并不是要模仿托马斯·杰斐逊,只是每当我想到他以及他是何等睿智的时候,就会突然觉得自己变聪明了。"

在对他人的仰慕里看见自己

就像兰德尔和其他成功人士一样,你选择敬佩特定的人并非偶然,他们所拥有的某些品质会在你体内产生共鸣。

透过这些品质你可以看到他们,也可以看到你自己。

现在让我们更具体地来看看你之前列出的那些人具备的为你所欣赏的品质。

从名单上的第一个人开始,当你想到这个人的时候,想一想是哪些具体的品质令你豁然开朗。下面的品质清单展现了从上千位已经完成这个过程的人的回答里筛选出来的词。这些词并不是全部,只是为了引导你更好地开始。注意,这些词是形容词,它们是对一个人的描述,不是名词(比如"忠诚")。我推荐使用形容词是有原因的,正如我们看到"意愿"这个词一样,会感觉名词是外在的描述。例如,"我有忠诚"显然没有"我是忠诚的"那么有力。

品质清单

乐于欣赏的	全情投入的	忠诚的
细心的	热情的	留心的
正直的	专注的	执着的
警觉的	友好的	可靠的
杰出的	慷慨的	有精神追求的
清晰的	温柔的	坚定的
有慈悲心的	真挚的	支持的
清醒的	感恩的	透彻的
勇敢的	疗愈的	考虑周到的
有创造力的	谦卑的	值得信赖的
有决断力的	启迪人心的	真实的
尽职的	有智慧的	令人振奋的
可依靠的	善良的	有远见的
鼓舞人心的	有爱的	至关重要的

再次提醒,这些只是对你而言很重要的品质的一些例子。当你阅读这个清单时,你很可能还会想到其他品质。先把注意力集中在你的名单上的第一个人身上,具体地写下你欣赏这个人的什么品质。想写多少就写多少,然后再继续思考下一个人:你欣赏这个人的什么品质?把这些品质写下来。如果有某个品质重合了,那么你要做的就是留下一个标记用以表明这个品质再次出现了。最后,你会得到一份你自己的品质清单,上面列有你所欣赏的品质,有些品质后面还有一排打钩的标记,就像下面这样:

有慈悲心的√√√

启迪人心的√√

有远见的√√√√√

有智慧的√√

忠诚的√√√√

值得信赖的√√√√√√

有创造力的√√√

列出多少品质或是在每个品质后打了多少个钩(如果有的话)并不重要,重要的是,你已经收集了一组能表达你欣赏的人所具备的品质。请把这个清单写在一张长宽比5∶3的卡片上,就像准备你的人生意愿清单那样,并且在卡片的顶部和底部留些空白。如果你罗列的品质比较多,那可能需要多分几列,只要确保把所有的品质都写在一面上就行了。

再次看看你的品质清单。它们表达了你的心声,不是吗？因为它们能够投射出真正的你。

没错,你写下的正是对自己的描述。通过你欣赏的人所具备的品质,你就能够知道真正的自己是谁。有句格言是这么说的：我们不喜欢他人身上的某些品质,实则也是我们不希望自己具备的品质。反之同样成立：你欣赏的人所具备的某些品质,实则也是你自己所具备的品质。

这和我们在上一章中探讨过的机制相同：如果你愿意"成为慷慨的朋友",那么你一定知道这意味着什么,一个"慷慨的朋友"的蓝图已经存在于你的内心。与之类似,如果你欣赏一个"有慈悲心的人",那么你一定知道什么是"有慈悲心"。借用生物化学中的一个概念,你必须有一个对慈悲心的受点才能识别并珍视慈悲心,它在你的心中才能有依存之处。

请感受这一点。阅读你创建的品质清单,努力回到你的内心。

你列出的品质就是你的品格标准(standards of integrity)。标准(standards)是原则,而原则是指导方针。就像你的人生意愿一样,你可以将其用于驱散人生道路上的迷雾。品格(integrity)是完整、充盈和健康的状态。你的品格标准是引导你唤醒真正的自我的原则。当你周围的一切都在变化时,你仍能专注于这些标准,它们反映了无论何种情况或环境下都能持久的东西。

再次看看你的长宽比 5：3 的品格标准卡片。请在你罗列的品质的上方写下："这些是我的品格标准，我是："然后在卡片的底部写下："我知道这些都是我的品质，因为我在别人身上看到了它们。"不论你罗列的品质所占篇幅或短或长，此时你的卡片看起来大致是这样的：

> 这些是我的品格标准，我是：
>
> 有慈悲心的
>
> 有远见的
>
> 值得信赖的
>
> 慷慨的
>
> 有创造力的
>
> 我知道这些都是我的品质，因为我在别人身上看到了它们。

接下来要做的是将这张卡片塑封起来，在你读这本书的过程中还会更多地用到它。

你的明朗值

现在有两条准则在日常生活中可以供你使用，助你进入明朗之境。

首先，你的人生意愿表明你认为哪些游戏值得一玩，它们反映了你在生活中想做的事情。如果你还没有这样做，那就拿出一张长宽比5∶3的卡片,列出前一章中所有得4分或5分的人生意愿,在每个人生意愿前面写上"我愿意"。把这张卡片塑封起来,就像做品格标准卡片一样。

其次,你的品格标准告诉你,为了取得最好的结果,应当如何玩那些游戏。这些标准代表了那些存在于你内心的、具体的且至关重要的品质,这些品质有待在物理空间中得到展现。

记住,任何人都可以很忙碌,但忙碌的人生不等同于成功的人生,我们还要强调质量,我们想要的是明朗之境——一种充满可能性和希望的感觉,即我们深知一切安好,在此时此刻自己正在做着应该做的事情。我们希望带着清晰、专注、从容和感恩,通过一种不同寻常的、有品质的行动来到达明朗之境。

请将你的品格标准付诸实践,来展现这不同寻常的、有品质的行动。在接下来的三天里,请带上你的品格标准卡片。在工作会议、家庭聚会、客户会面或任何你愿意尝试的场合中,到了需要作决定、给别人反馈意见或表达自我观点的时候,先看看这张卡片,问问自己:"拥有这些品质的人现在会如何回应?"

这看似是件小事,实则不然。在你与他人以你熟悉的方式进行交流时,哪怕是极小的改变也能产生巨大的影响。事实上,小的逐步改变往往比大的剧烈改变更有效果。别人比较容易接受你的行为上小而美的改变,他们不会感到奇怪,因为这没那么戏剧化。

弗洛尔在实践中确确实实地体会到了这一点。弗洛尔是一家餐馆的老板,经营餐馆十分努力。她能做出镇上最好吃的墨西哥青椒猪肉酱,她的配方出自新墨西哥州一个古老的家庭食谱。她做了品格标准练习,并且带着她的卡片去上班。她给我讲了这样一个故事:"我的餐厅利润率非常低,这就是为什么当有员工在前一天晚上忘了冷藏,我们不得不扔掉一整批青椒猪肉酱时,员工和我都很郁闷,我郁闷的程度更是不止一点半点。还好我随身带着品格标准卡片。当站在厨房柜台旁边时,我偷偷地看了一眼。我的卡片上写有'慷慨的'和'有慈悲心的'。虽然这听起来有点好笑,但当时这两个词好像在向我发着光。我问自己:一个慷慨的、有慈悲心的人会如何处理这种情况?然后我注意到的第一件事是自己不再生气了。我说:'既然我们都在这个问题上大意了,那就不要再责怪任何一个人了。'在很短的时间内,我们就吸取了教训,有人提出了一套制度,以保证这样的事情不再发生。问题得到了解决,看到团队团结一致,我觉得以扔掉青椒猪肉酱为代价是值得的!"

小的改变可以产生大的影响。这些年来,我听过许多故事,这些故事表明,当你开始在与他人的日常互动中展现真正的自己时,奇迹就会发生。请记住这一点,奇迹的出现仅仅是因为我们的认知感受变得更敏锐,从而能够看到和听到那些一直在我们身边的东西。

接下来的三天,在品格标准卡片的陪伴下,我建议你去观察一下:

- 当你正有意识地展现自己的品格标准时,注意你的身体是否有所放松,或者内心是否有所打开。看看你在那些曾经倍感压力的情况下是否有了更多的精力或一丝幽默感。

- 当你展现自己的品格标准时,观察一下他人的反应。看看他们是否更加放松、露出更多微笑、更有创造力,还是只是看起来在你身边更轻松一点。如果你在一个团队中工作,看看你在场时是否会产生更多合作,或者团队是否更容易想出创造性的解决方案。

尝试继续展现你的品格标准,这会给你带来转变——引发一种全新品质的能量。我希望带你去更近地观察这种能量,这将会涉及探索一个不经常被谈论、不容易被描述的方面。请忍耐一下,跟我继续探索,你会知道这么做是值得的。

本体论:真正的你,是谁

在此刻阅读的你正在思考些什么?是谁在对这些思想进行思考?你拥有凌驾于这些思想之上的存在吗?如果没有,你又是如何能够观察这些思想的呢?让我用自己生活中的一个故事来说明这些问题。

当年在我接受训练学习心理分析，想要成为一名心理分析学家的时候，我会躺在一张专用的分析沙发上，看着天花板上的隔音砖。年复一年，我已经熟悉了这 9 平方英尺①上的每一个水印、每一个图案。

在大多数的心理分析中，你将进行自由联想，把进入脑海中的所有东西都说出来，然后再试图弄明白这些想法，将它们和在更深层次上发生的事情进行连接。有些时候，我通过这种方式获得的见解是有用的，但大多数时候，我的想法只会循环往复。这种情况持续了很多年。

有一天，我顿悟了。这是一种令人不安且挥之不去的感受。无论我在分析室里说了什么，我总会想起这些问题："这就是我吗——一个接一个的想法或感觉？我的存在还有别的意义吗？"

大约在那个时候，我在洛杉矶参加了一场关于个人成长探索的讲座。突然间，我意识到了一种可能性，即我的意义远不止那些心理分析的产物。我听到讲座的主讲人问了与我脑海中一模一样的问题。

接下来的一年是我人生中最不舒服，但也是最自由的一年。我没有再以同样的方式去思考，我没有再把自己的每个想法都奉为圭臬。对于一个受过专业心理分析训练的

———————————
① 9 平方英尺大约为 0.84 平方米。——译者注

心理学家来说,不把想法和感受当回事是真不容易!

我之所以和你们分享这些,是因为在整本书中,我一直在谈论大脑。你有没有想过,"我拥有我的思想"是什么意思?思想能自我观察吗?要观察一件事,你必须跳出它,然后接着问:"在思想之外观察思想的又是什么?"

问问自己:"是谁在思考我的想法,是谁在体验我的感受?"想法自身是无法思考的,感受自身也是无法感受的。如果我回答:"是我的大脑。"那么我接着要问:"是什么在观察我的大脑?"

你可能会回答:"自我正在观察这一切。"但即使谈到自我,你也会琢磨:"是什么观察到我有自我?又是什么在观察'我'这个字?"

这可能会让人困惑,就像爱丽丝在兔子洞里时的感觉一样。当你得到自认为的最终答案时,问题又回来了:"是什么在观察你刚刚提到的东西?"让我来给你一个词,这个词帮助我解决了这个难题。我是在1981年的研讨会上知道这个词的:本体论(ontology)。这个词对不同的人而言有不同的含义,例如哲学家马丁·海德格尔(Martin Heidegger)在他的著作中谈到,本体论是对存在的研究。[1]

早在20世纪80年代,当我阅读海德格尔的著作时,"一扇门打开了",我看到了一种超越自我思想、情感和身体感知的可能性,但我缺乏明确的方法将他的哲学原理应用到物理空间中,我在解决日常生活中的琐事方面仍需指导。

我从形而上学（metaphysics）角度看到了本体论的定义。形而上学有四个分支：心理学（psychology）、本体论（ontology）、神学（theology）和宇宙学（cosmology）。心理学是对我们思想和感情的研究。本体论是对存在的研究，研究我们在精神上的自我，这是一种对"我们是谁"这个问题私密而富有慈悲心的审视，这种审视包括研究我们的真实本性和在生活中要完成的事情。神学是对看待神的各种方式的研究。宇宙学是对宇宙的本质的研究。

在我过去 25 年①的工作中，我发现，人们有一种表达真实自我的本能欲望，它存在于每个人的内心深处。这正是在迈入明朗之境，因为当我们在日常生活中站在本体论角度展现自己是谁时，就是在创造明朗时刻。

心理学上的你和本体论上的你存在着本质区别。当你清楚这两者的区别时，就会专注于创造值得一玩的游戏、设定值得追求的目标。

我们可以通过观察自己的思想、观点、态度、心理状态或身体感受来从心理上描述自己是谁，我们知道如何用这种方式谈论自己。在心理层面上，我们可以非常详细地描述自己的想法和感受，但它们大部分都是暂时的，几乎会随着我们每一次的呼吸而改变，任何尝试过冥想的人都会立刻对此表示赞同。

---

① 相对于原著出版时间而言。——译者注

在"我们究竟是谁?"这个问题的中心存在着远比我们的心理构成更重要的东西。它是我们内心一个稳定的存在,不会随时间而改变,任凭情感和思想像波浪一样对其冲刷,其本质上都会保持不变。这就是我们的本体论本性。

虽然我们可以很容易地从心理上谈论自己是谁,但想要从本体论角度直接谈论自己是不可能的。因为每次当我们对"你是谁"作出肯定性回答时,下一个问题就自动冒了出来:"是谁刚刚回答了这个问题?"

因此,倘若我们不能从本体论角度直接谈论自己是谁,即无法直接看到"自我存在"的样子的话,那么我们能做什么来得到答案呢? 这就是有趣的地方。让我借用量子物理学中的一个类比来进行说明。

量子物理学研究的粒子是那样小而难以捉摸,以至于很难测量。我们很难分辨它们是有质量的粒子,还是能量的波动,又或者是否兼具两者的特性。科学家对它们进行定位的方法之一是,观察它们在高灵敏度的摄影下留下的影像。

我们将采用类似的方法来讨论本体论本性。虽然无法直接看到"自我存在"的本质,但你可以看到"存在"的影像,它们会显现在你心灵的照相底片上。当面对这些"存在"的影像时,你会有所感知,那是一种一切安好的感觉——感觉回到了自己的安身之处。这正是人们在发现以下内容时所经历的感受:

- 人生意愿。

- 品格标准。

- 无论想法和感受如何，表示愿意的能力。

- 观察而非分析的能力。

只要将目光投向这四种反映你本性的东西，你的能量就会发生转移，你的内心也会拥抱周围的各种可能性。这就是我建议你每日去看一看自己的人生意愿清单和品格标准卡片的原因。

当你从本体论层面展现自己是谁时，你会对他人产生深远的影响。你在场时，别人会感受到同理心、慷慨、豁达以及温和的幽默。不仅你会有一切安好的感觉，他人也会。这是一个理想的游戏场地，一个适合你的游戏和目标的完美场地——是你通过引导你的注意力才建造出来的场地。

接下来，你将学会如何专注于对自己而言重要的事情。将你的注意力从心理层面转向本体论层面，你就能获得智慧的源泉。无论周围发生了什么，你都能从中汲取智慧。你将学会把精力用于得到对自己而言真正重要的东西上，你将在一种超乎想象的从容状态下梦想成真！

第七章

选择你自己的结论

为你在意的结论收集证据能使你的行动变得有效。

我的生活充满了可怕的不幸，但其中大部分并未发生。

——米歇尔·德·蒙田(Michel de Montaigne)

我们都会根据当下我们确信的证据而采取行动，但常常事与愿违。或者更糟糕的是，有时候事情只会一次又一次地让我们精疲力尽，同时又乏味、平庸。

这里的关键是，我们对于周围事情的结论往往会影响我们的行为。因此，我们希望自己的行动依据的是那些让我们的行动变得高效甚至明朗的结论。

接下来的这件事情让我彻底认识到了这一点。在一个夏日的午后，我独自走在从加州的一座小山返程的路上，我看到远处有个棕色的、滑溜溜的东西盘绕在小路中间。是条蛇！小路两边布满了毒栎藤，没有地方可以绕开蛇。太阳开始下山了,我的心跳很快。我当时觉得自己可能整晚都要僵在这里饥寒交迫了,也没有任何人会知道我在这儿。

我小心地走近。在距离蛇大约 30 英尺①的地方,我看见蛇并没有动,同时我感觉它的形状开始改变。到底是蛇还是我从没见过的其他动物呢?最后,当距离它大约 20 英尺②的时候,我突然意识到,这根本就不是蛇。它是个躺在路中央的巨型牛粪堆!我仰头大笑,同时又庆幸当时没有人在旁边看到我有多么愚蠢。下山时我的心率慢了下来。

由于我当时以为自己"看到"的是蛇,因此我的反应是合理的。我认知中的危险使我的心跳加快,脑海中浮现出黑夜中我孑然一身在路上的景象,我当时不可能作出其他反应,看到了蛇却假装没有看到是不可能的。这让我思考:我一生中有多少时间是在对自以为真实存在的事情作出反应,但其实这些事情或许并不存在呢?

在《眨眼之间:不假思索的决断力》(*Blink:The Power of Thinking Without Thinking*)一书中,马尔科姆·格拉德威尔(Malcolm Gladwell)提出了有力的观点:无论我们自己是否意识到,我们持续不断地在对自己得出的结论作出反应。[1] 这些结论对我们作选择的决定作用和行为的塑造作用超乎我们的想象。尤为显著的是,许多结

---

① 30 英尺大约为 9.14 米。——译者注
② 20 英尺大约为 6.10 米。——译者注

论就像条件反射，我们无法对其控制，它们具有膝跳反射那种无意识的特征。

不过值得庆幸的是，通过选择引导自己的关注点，你会拥有决定自己最终将体验何种生活的能力，并且也能决定你的体验会是怎样的。

如果你想改变自己的生活体验，那么你并没有必要改变自己的想法。我重复一遍：没有必要。你只需要把注意力转移到那些让你更感兴趣的事情上，例如反映你人生意愿和品格标准的事情。这可不是一个小的区别。

你没有必要改变自己的想法
（即使你可以改变）

首先，你的大脑是否处于繁忙状态？试着在 2 分钟内对你大脑中的每个想法都做个标记，你会惊讶地发现，竟然有那么多想法在你脑海中掠过，就像一个有风的日子里阳光下的片片云朵一般。

如果你真的试图改变自己的想法，那你可能会疯掉。你怎么可能将已经进入"游行队伍"的每个想法都停下来，然后用足够的时间来改变这些想法呢？想想这会消耗多少能量！你很快就会感到疲惫和沮丧，而仅仅是想到这一徒劳的过程都能让人看到迷雾来袭。

你可能会说，比起改变想法，可以单纯地不去想它们。

我只能说祝你好运。这一点同样很困难,因为你的大脑其实根本无法理解"不要"这个词。在接下来的 10 秒钟里,让我们回到第二章的例子中,试着不要去想一个带有坚果粒和奶油的热巧克力冰激凌。试试吧,别去想它。会发生什么?你猜到了——一排排热巧克力冰激凌将在你的脑海中掠过。

即便在对象前面存在"不要做"或"不"的指令,大脑也会专注于对象本身。采用催眠术的治疗师就对大脑这方面的功能理解得很彻底。请看看下面两句话,选择能更为清晰地产生预期结果的那一个:

- 离开时别忘了带上车钥匙。
- 离开时记得带上车钥匙。

这非常明显,不是吗?第一个建议把"忘了带车钥匙"放进了你的脑海中。第二个建议"记得带上车钥匙"会让你的大脑更容易记住,因此更容易以你想要的方式去影响你的行为。

试图改变一个想法或结论,同时又忽视你之前已有的想法或结论是很困难的。任何做法都需要耗费大量的精力且收效甚微。此外,你会被你的想法弄得束手束脚,当这些已有的想法或结论一遍遍重复的时候,它们只会变得"越来越大声"。

这是因为,无论你关注的是什么,它都会自己重复。因此,试图改变你的想法会使你的注意力集中在那些想法上,这使得它们循环往复。比试图改变想法更优雅、更简单、更强大的做法是学会改变自己思考它们的方式。

我们之前所学所做的已经让你清楚地审视了你内心深处真正的自己,现在你要将其用于创造能让自己兴奋以及温暖你内心的结果。这会比你想象中的要更容易,因为你没有必要改变自己的想法。

你将学到的是如何把注意力从那些不再让你感兴趣的结论转移到那些让你感兴趣的结论上。同时,正如我们将看到的,转移你的注意力与改变这些结论无关。当注意力被转移后,那些旧结论就会渐渐消退。

先入为主的结论

让我们来看看所有人创造生活体验的过程。四格模型对这一过程进行了展示。

四格模型

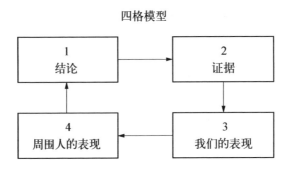

我们从左上角的方格 1 开始。

方格 1 被称作"结论"。通常我们认为,结论是在考虑了相关事实或证据之后所形成的观点,但在这里我们把结论放在第一位,实际上我们是在说:"结论是先入为主的。"

大脑是一台制造结论的机器。例如,我们都知道人们会在 1～2 分钟内对彼此作出结论。马尔科姆·格拉德威尔认为,结论通常是在几秒钟内产生的,可以称其为"切片"。[2] 多年来和他人一起工作的经历让我注意到了以下一系列情况:

- 结论就像是一个反射动作,触发一个结论几乎不费力气。

- 结论一旦被触发,大脑只会去寻找证据来证实这个结论。

- 因此,我们的证据主要是由所触发的结论自动决定的,而不是证据决定结论。

可能自史前时代起,这种根据环境快速得出结论的能力就在帮助人类生存。由于人类不像许多动物一样那么皮实,因此人类学会了快速评估周围的环境。这是人类的优势,这又是大脑的杏仁核在起作用。

事实上,人类的大脑天生就拥有产生结论的装置。当你无法得出结论时,你就会迷失方向。为了更好地理解我的意思,请你想象一下:你身处一个房间里,无论你往哪里看——地板、天花板或墙壁上——都只能看到没有信号的电视所呈现出的静态"雪花"效果。你听不到声音，也看不见强烈的灯光。一切就是那般静止，无论你把凝视的目光转向哪里。

你能在这样的房间里待多久？虽然你没有面临明显的威胁，但你无法得出感知结论，这会让你十分不安。

很明显，我们都会收集证据来支持自己感兴趣的结论，并且即便是同样的客观事实摆在眼前，也并非每个人都会以同样的方式看待它。从同一个家庭中的不同成员身上我们就可以很明显地发现这一点。

比如吉姆。有一次我们在课上讨论四格模型，他告诉我们："有时我觉得我和我的兄弟们似乎出生在不同的家庭。当谈论到父母时，我们的看法完全不同。我哥哥皮特坚信父亲会在餐桌上讲道理，不允许任何人回嘴。而我呢？在我的记忆里，父亲是在试图教我们如何讨论问题。事实上，这也是为什么我能在大学辩论队表现得那么出色。"

在四格模型的方格 2 中，是那些结论引导我们找到的证据。例如，如果你分别采访吉姆和皮特，他们各自都能给出令人信服的事实来证实自己的立场。事实上，我们越聪明，我们收集到的证据就会越详细、越具描述性。

想象一下你我在同一个办公室工作，我们是朋友。有一天我走过来对你说："我的老板是个蠢货。"你说："你确定吗？可能他就是这周过得不太顺吧，这可能和 IT 系统出故障有关。"

接下来我很可能要做的就是给出证据支撑"我的老板是个蠢货"这个结论。这是很自然的,因为一旦我专注于一个结论,我的大脑就会自动地为这个结论的正确性提供证据。大脑会认为准确推断是一个关乎存亡的问题,这意味着我不会对可能与自己的结论相矛盾的证据感兴趣。

你听我说完,却还是反问道:"我明白你的意思了,玛丽亚。但作为朋友,我还是想说,你真的确定这不是因为他这阵子过得不太顺?"你非常勇敢,你质疑了我的结论。我可能会有所缓和,但大概率还是相当挣扎。重新评估一个结论是有悖人的本能意愿的,我已经陷入收集证据的惯性行为。

方格 3 是关于你如何根据当下拥有的证据而表现自己的行为的。你的行为必然会反映出你所拥有的证据。回到刚才说到的关于老板的例子,如果我确定我的老板是个蠢货,我最有可能表现出来的行为会是什么?当我和你提及我的证据时,在你看来我是个什么样的人?你能感受到慷慨、慈悲心或者宽广的心胸吗?我的面部表情传达了什么?在那一刻,我是让他人和我在一起时倍感自信、备受鼓舞,还是我表现出妄下结论、心胸狭窄的形象?

我们会不由自主地对自己感知到的事情作出反应,而不管其是真是假。神经生理学研究表明,大脑往往不能区分外在的物理空间和大脑内部发生的事情。这就是引导可视化背后的原则:如果你能在大脑中创造平静而愉快的场景,那么你的心率和其他生理指标也会随之发生变化。

方格4是关于我们周围其他人的表现的。再拿我的老板进一步举例说明。当我和你谈论老板的时候,他碰巧走进了房间,他看着我。可以想象,我并不想见到他。他感受到了这一点然后走了出去,或者他可能皱了皱眉头,然后交代给我一些工作。

这一幕继而导致我给了你一个"瞧,我就说吧"的表情。起初方格1中我的结论得到了证实,一切都对上了。

我再明确一下,我并不是在贬低他人的行为或替他人的行为找借口。这位老板很可能确实会做我说的那些事情,他的行为可能会导致一些人把他称为蠢货。不过,会不会有另外一种方式来看待这件事情呢? 我们都曾听说或经历过这样的情况:我们确信自己对另一个人的评价是准确的,结果却发现他的行为和我们所想的完全不同。让我用奇巧巧克力棒的故事来说明这一点。

简去了伦敦,在一家酒吧里坐下,点了一杯茶和一根奇巧巧克力棒,一个男人坐在她旁边。男人靠了过来,拿起巧克力棒并掰了一点儿。几分钟后,他又掰了一点儿,直到把巧克力棒吃得干干净净。

简不想让自己看起来像个不成熟的美国游客,她也明白酒吧是大家社交的场所,因此她决定什么也不说。随后这个男人点了一个果冻甜甜圈,并带着甜甜圈走到另一张桌子边上,坐在了另一个女人旁边。

简心想这个男人肯定是想要骚扰那个女人。她便大步走向他的桌子，抓起甜甜圈，咬了一大口。然后她把甜甜圈猛地一摔，哼了一声，走出了门。痛快！

尴尬的是，当简走到公共汽车站，把手伸进包里找零钱时，她摸到了她的那根奇巧巧克力棒。原来是她一直在错怪那个男人。

现在再回到我的老板的例子。假设我决定重新开始，我不想再对他怀揣小人之心，我想改变自己的方式。这真的有那么难做到吗？

我们的对话继续着。我对你说："好吧，可能你是对的。我会试着在今天剩下的时间里，不管他对我说什么，我都会表现得很友好，我不会受他影响的。"

这种策略的有效时间可能会持续一个小时左右。然后我的老板对我说了一些事情，这便会引发方格 1 中"我的老板是个蠢货"的结论，接着我便又回到了收集证据的轨道上，并且这次是加倍正确的，因为毕竟我曾的确姑且相信他并不是个蠢货。

这一切的发生是因为"我的老板是个蠢货"的结论始终存在，它已经隐含在我的话语"不管他对我说什么，我都会表现得很友好，我不会受他影响的"之中。因此，当我的脑海里已经有一个结论的时候，不管我说自己会去尝试什么，我仍然在收集支持这个最初结论的证据。我无法忍住不这么做，面对同样的旧结论，改变行为是极其困难的。

这四个方格的顺序具有必然性。你无法改变顺序,但可以控制用什么内容去填充这些方格,而这也恰恰是通往明朗之境的关键。来看接下来的例子。

在一场讨论会上,在大家谈论自己敬仰的人时,有人提到了特蕾莎修女(Mother Teresa)。一位参与者提醒我们,说起特蕾莎修女,经常会提到的一句话是:对她来说,与她接触的每一个人实际上都是耶稣。她毕生致力于践行这个想法,并认为对所有人而言都是如此。

特蕾莎修女对人们非凡的想象就是四格模型中方格 1 的结论——每个人都是耶稣。如果你致力于将所有人都看成耶稣,我们可以来猜想一下,方格 2 的证据会是什么样的?

我猜想你会看到每个人都有着巨大的价值。正如特蕾莎修女所说,当你在给危重病人洗身体的时候,就是在给耶稣洗身体。

接着让我们去看方格 3 并去想象,当一个人收集"每个人都是耶稣"这个结论的相关证据时,他会如何表现。他会非常快乐、备受鼓舞,并虔诚地致力于去看到每个人都在他的生命中至少有过一次被尊重和被爱的经历。这描述的正是特蕾莎修女的使命和经历。

最后在方格 4 中,周围其他人将会如何表现呢?不难想象,人们会觉得一切安好,有种精神被治愈的感觉。(我曾经听人说过,仅仅是看到特蕾莎修女走路或抱着孩子的视频,就会有一种敞开心扉的感觉。)

我的工作室中的一位成员曾经和我们分享他读过的一篇关于特蕾莎修女的文章,这篇文章进一步证实了我们上面所说的内容。文章中特蕾莎修女跟来印度和她一起工作的人交谈。她告诉他们不要带着悲伤的表情来这里工作,这里的人不需要怜悯,他们需要的是爱和尊重。她希望与她一起工作的人能够表现出那种在耶稣面前才会有的喜悦。

我研究四格模型理论很多年了,我知道以下这些做法会让我们走向明朗之境:

- 如果你想改变自己的行为,不要盯着行为本身。
- 要把注意力转移到你真正感兴趣的结论上。
- 你的行为会自然而然且毫不费力地根据这个结论所产生的新的证据发生变化。

下一章将详细介绍如何将注意力转移到你感兴趣的结论上,我也会告诉你如何将其应用到"我的老板是个蠢货"的场景中去。为了让你更快、更直接地理解上述方法,让我们来看一个对很多人而言既熟悉又头疼的结论——减肥。

乔迪在这方面取得了巨大成功。她告诉我她是如何利用四格模型理论来改变她和她的身体之间的关系的。在42岁的时候,她很快活,精力充沛,但又有些灰心丧气。"我在长胖20磅①和减重20磅之间反反复复,连我的赘肉

---

① 20磅大约为9.07千克。——译者注

都让人有种似曾相识的感觉！多年来我所关注的结论是我需要减肥。仔细审视这个结论之后，我意识到，'减'这个字在我心里是没有'肥'这个字那么显眼的。当时我脑子里一直在想'肥'这个字。"

"在审视自己的人生意愿之后，我决定将注意力转移到以下根本性的肯定上：'我愿意成为身体强健的人。'我把它写在了一张长宽比 5：3 的卡片上并随身携带。在两个星期的时间里，我开始收集那些我已经在做的推进这项人生意愿的证据。我马上就感受到了改变！例如，我喝的水已经达到保持身体健康的建议饮水量。这个新的关注点让我在专注于减肥时总是存在的那种负罪感大大减少了。从此，我找到了活出自己人生意愿的方法，并且更加从容和感恩。在各种情况下，我都会问自己：'一个愿意变得身体强健的人现在会怎么做？'我定了一个目标，跟两个姐妹一起进行一次资金募集步行活动。为此，我进行了更多锻炼，自然而然地开始培养更健康的饮食习惯。最重要的是，我已经减掉了 15 磅①，并且保持了 8 个月。我知道自己还增了肌，因为我一直在为自己的下一个目标'今年冬天②在太浩湖（Lake Tahoe）附近和朋友一起越野滑雪'进行准备。我关注的不是体重，而是我的人生意愿和一个值得追求的目标。"

---

① 15 磅大约为 6.80 千克。——译者注
② 相对于原著出版时间而言。——译者注

大脑比我们想象中的更具可塑性

你可以控制自己大脑的结构，虽然这听起来很疯狂。直到大约十年前①，神经生理学家还认为大脑在某个特定的年龄之后将停止产生突触连接。当时的观点普遍认为，随着年龄增长，我们没有任何方法能够改变或丰富自己的大脑。后来的研究表明，这个观点并不正确。基于新的研究结果，许多项目被开发出来帮助人们锻炼大脑，就像锻炼身体一样。

与此同时，我们开始认识到，反复循环的思想将产生深槽状的突触路径。可以想象一下奶牛行进的情况。一旦带头的奶牛在草地上开辟出一条小径，其他奶牛就会跟在后面，这条路会有很多奶牛穿梭其中。你可以称其为阻力最小的路径，因为它能够指引后面的奶牛前进。

我们知道，生命中的许多事件，创伤或是狂喜，都会产生这种深槽状的突触路径。我们也开始认识到一些方法，如眼动脱敏与再加工疗法（EMDR），这些方法有助于打断突触序列，为焦虑不安的个体带来宽慰。

因此，我们的大脑比我们想象中的更具可塑性和灵活性。明白这一点非常重要，因为你将要学习如何把你的注

---

① 相对于原著出版时间而言。——译者注

意力转移到有趣的、对你而言真正重要的结论上。你最终会发展出新的路径，会注意到自己在思考方式上的微妙转变。也就是说，你可能会发现，你对待自己不再像过去那样严格。那些曾经影响你的观念、情形、行为或问题，现在都不会对你产生影响了，同样的旧思想也不再那么频繁地在你的脑海里循环。当它们出现的时候，已经失去了从前那种压迫性的情感特质。"奶牛"将换一条路走！

想象空间中有一句名言："思想总是产生于与其相似的思想之中。"现在我们对其有了神经生理学的理解。这并不是说我们的想法能够创造物理空间，而是说我们关注的结论会自动引导我们去收集支持它的证据。支持相反结论的证据会被自动剔除。对于那些有兴趣关注"人们可能是蠢货"这类结论的人来说，总能有令人信服的证据对这类结论进行佐证，他们的眼里都是这些证据。

同样地，另一句话"关注什么，什么就会发展"也对我们有了新的意义。这并没有那么神秘，这意味着我们能够对自己感兴趣的事情产生直接的影响。我们面对的问题是：我希望用什么样的结论来作为我生活的基点？我希望如何为人们所知？

说到知道对自己而言什么是重要的事情，相信你现在已经是一名专家了。有了这些认知，加上我们正在讨论的方法，将会为你进行值得一玩的游戏、实现值得追求的目标带来成功。

第三步

享受从容

第八章　你关注的是什么?

第九章　能量的效率

第十章　关键在于如何玩游戏

第十一章　整合归一

第八章

你关注的是什么?

想要从容不迫地专注做事,你需要懂得转移你的注意力。

想要改变世界,必须首先改变自己。

——圣雄甘地(Mahatma Gandhi)

你更愿意让自己因为什么而被别人知道呢?

- 是你的抱怨还是贡献?
- 是你的问题还是创意?
- 是你的不幸还是梦想?
- 是你的解释还是成就?

我们在生活中如何展现,别人就会如何认识我们。同时,我们在生活中展现的样子取决于我们的结论,我们的结论塑造了我们的人生经历。

这听起来可能非常简单。事实上,当我写下这些话的时候,我也在思考:我是不是应该写一些更深奥复杂的东西?然后我突然意识到:这堂课不应该充满挣扎和焦虑,因为我们在这里要学的就是从容。

回顾上面的这些问题。我估计当你看着每对选项时，你就会发现这两个词所带给你的不同的期望和承诺。当你感受到这种差异时，你会对每对选项的哪一边更感兴趣呢？

你可能会很快回答："我当然会选每对选项中的后一个。"不过还是请仔细想一想，对我们许多人来说，即使是思考这样的选择性问题就已经是很陌生的体验了。

以我的同事埃丝特为例。她说话的时候眼睛总是闪闪发光，有时候你都不知道她是认真的还是在开玩笑，但是我能感觉到，当她发表对这些选择性问题的评论时，她是认真的。她说："我太习惯于用每对选项中的前一个来定义自己了——自己的问题、倒霉的事情等。如果我不再把这些拿出来讨论，我担心会失去部分自我。我要怎么来形容自己呢？我和我的朋友们经常聚会，一起讨论最近工作或生活中遇到的人和问题。如果我不抱怨或不说那些倒霉的事情，那我还有什么可以说的呢？如果我放下这些不说，我又能得到什么呢？"

当我们思考着将自我状态进行转变时，心猿会抽动着它的尾巴出现。当我们把注意力从心理上的自我（我们的思想、感受、问题和倒霉的事情）转移到本体论上的自我（恒定而根本的实在）时，心猿就会出现。它会站在门口，哀求我们回头。

"面对现实吧，"心猿会这么说，"过去那些失败的记忆确实是痛苦的,但至少这种痛苦你是熟悉的。"这就好比一棵香蕉树,虽然可能再也无法结出果实,但至少大家都知道它是一棵树。对未知的恐惧是强烈的,即使带着从容,这种未知的感觉也会让我们非常不舒服。观察到并承认这一点是很重要的,但这并不妨碍我们追寻通往明朗之境的道路。

本体论结论带来明朗的体验

请记住,你现在有以下两种方法可以把注意力从一组结论转移到另一组结论上:

● 培养观察能力而非分析能力。

● 明白无论你如何思考、如何感受,都可以表示愿意。

你也可以选择关注以下两类本体论结论:

● 你的人生意愿。

● 你的品格标准。

我们现在要把这些结合在一起,创造明朗的体验。首先让我们进一步弄清什么是本体论,让我们为这个词语注入活力和现实意义。一旦你真正地了解了自己的本体论实在,你就能够把这种实在带入日常生活中,而这里就是明朗之境存在的地方。明朗之境并非存在于想象空间的空气稀薄处,而是蕴藏于你的日常工作、社区生活以及与所爱之人一起采取的行动中。

总体而言,你的人生意愿和品格标准是你内心的支柱。

无论你想什么或是感受到什么,在任何时候它们都属于你。换句话说,人生意愿和品格标准是不会受到头脑中任何想法的影响而动摇的。它们代表的是你超越智力和情感的部分,反映的是你本人的光辉。当采取与之统一的行动时,你将通向明朗之境。

这是因为我们真正的自我比我们的想法、感觉、分析和标签更重要,它位于自我存在的核心。虽然我们无法直接看到自我存在的核心,但可以观察它的体现,其中一个例子就是我们的品格标准。好比第二章中第一次"看见"水的加勒比海的鱼,一旦观察到了某样东西,与之相关的知识将会与你相伴一生,你不可能"抹去观察"。很多人告诉我,第一次感受到品格标准所带来的力量和能量一直伴随着他们。

心理学和本体论并不矛盾

以上内容并不是说你要失去心理上的自我。你也不会想这么做,因为你的经历是由你的想法、感觉、欲望以及身体知觉一起构成的。

要知道,通往明朗之境的道路上并不缺乏那些让人难受甚至是黑暗的想法和感受。你和我,以及这个星球上的所有人,都有可能拥有并不明智的想法或观点。

我们的大脑是很忙碌的,它总是在不断地思考和感受。当我们不去怀疑大脑的运行结果、不去观察大脑在做什么时，我们可能就不会发现有些想法是值得思考的，而有些却不值得。当你觉醒并准备驱散迷雾时，矛盾的事情会发生。你会发现脑海中出现了更多的东西，而且有时候它们看起来并不美好。为了保持清醒，我们必须面对一切，无论是光明还是黑暗，你不可能选择醒来仅仅看到自己喜欢的东西。不过，这并不代表我们会任凭自己的心理摆布，我们可以学着不被它控制。

这里有一个例子来说明我的意思。我曾经在新维度电台里听过迈克尔·汤姆斯（Michael Toms）对拉姆·达斯（Ram Dass）的采访。拉姆·达斯可以说是我们这个时代伟大的哲学领袖之一。[1]下面我来复述一下我听到的内容。迈克尔和拉姆谈论了拉姆的精神之路，以及他的学说是一种何等的馈赠。迈克尔问拉姆，他现在的样子和他被称为理查德·阿尔伯特（Richard Alpert）时的样子有什么不同。[许多年前，理查德·阿尔伯特和蒂莫西·利瑞（Timothy Leary）研制了麦角酰二乙胺的临床应用。]

拉姆的回答起初让我很惊讶。他说，他现在的样子和过去相比几乎没有区别。他解释说，虽然自己仍然有着和以往一样的反应，例如在电影院排队等候时会变得很烦躁，但不同的是，这些感觉不会持续太久。我确信他已经学会了如何不被这种不愉快的感觉控制，而是学会观察它，然后把注意力转移到一些不那么令人恼火，或者一些让他更感兴趣的事情上。

这就是秘诀，或者说根本就没有什么秘诀，这是一项你可以通过练习来磨炼的技能。正如我们前面讨论过的，关键是学会专注于那些对你而言真正重要的结论，比如你的人生意愿和品格标准。如果你能在对你而言真正重要的结论上集中注意力，那么一种期望和承诺、宽阔和放松的感觉就会伴随着从容流入你的内心。没有能量被浪费，没有什么引发挣扎，没有什么需要对抗的事物。这就是你可以决定自己心理体验的方式。虽然我们无法控制自己有什么样的想法和感受，但我们必须学会观察它们，并且我们确实有能力将注意力转移到自己更感兴趣的结论上，让那些结论创造我们的体验。

与深陷于分析想法和感受的过程不同，这个观察和转移的过程会以一种温柔、自然的方式改变你的生活。你将从容而非挣扎地生活。换句话说，你将身处明朗之境。

还有另一种理解方式。你可以想象有一个编织精美的篮子，篮子空间很大，装有各种各样的水果。有些水果颜色鲜艳，闻起来很香；有些要么看起来不熟，要么闻起来很苦。往篮子里看，观察所有水果，挑出你想吃的。虽然不太吸引你的水果仍然在篮子里，但你不必拿起它们。

你的本体论自我有点像这个篮子。它见证并且包含你所有的生活之果，它是属于你的一部分。每当你有以下举动时都会将它展现出来：

- 开始观察，而不是分析你的内心和周围发生了什么，包括你可能存在的心猿症状。
- 无论心猿说什么，你都愿意继续前进。

- 学会倾听你的智慧之声所发出的温柔声响。
- 专注于你的品格标准，以及如何将它们付诸物理空间。
- 专注于你的人生意愿，以及如何将它们付诸物理空间。

本 体 论 问 题

转移注意力最好的方法之一是对自己发问。问题是受结论影响的。心理学和本体论生发出来的问题是不同的，以下是一些例子。

心理学和本体论问题比较	
心理学	本体论
1. 我在为什么而感到担心、怀疑或者恐惧？	对我而言，什么才是真正重要的？
2. 这件事为什么会发生？为什么我会有这种感觉？	我正在经历的事情会如何助益他人的生活？
3. 我过去是什么样子的？	我此时此刻正对什么心怀感恩？
4. 影响我的机制是什么？是我的动机还是原生家庭？	我学到了什么？它们将如何帮助我成长？
5. 我应该做什么事情？	我在这里可以探索的是什么？
6. 我真的需要帮助吗？难道我不能靠自己吗？	我是在邀请并允许别人来支持我吗？

心理学和本体论问题比较	
心理学	本体论
7. 我如何能让自己的需求被满足？	我能做些什么为整体都带来收益？
8. 我在哪里停下来了？我为什么要这么做？	什么是值得一玩的游戏和值得追求的目标？
9. 这里需要被解决的是什么？	这里需要出现的是什么？
10. 我怎样才能变得更舒服？	我该如何醒来，驱散迷雾？
11. 我怎样才能快速高效地去做自己需要做的事情？	我怎样才能带着清晰、专注、从容和感恩去做眼前的事情？
12. 我想做什么？	我愿意做什么？

这里只是举例说明两组不同的结论所产生的问题。大多数人对心理学这一列的问题都很熟悉，这些问题的答案并不是从本体论出发的，它们也不会带我们看到任何新的东西。

当你看本体论问题时，很明显的是，想法和感受与它们相关联。这些想法和感受有着不一样的品质，它们能够带来一种期望和承诺的感觉，会让你感觉到一切安好。你可能会露出微笑，或者可能会察觉到自己的内心开始放松。这些问题拥有不同的能量，它们指向一条由从容铺成的明朗之路。

这些本体论问题也会激发出你与生俱来的智慧和能力。想一想你的导师或者引路人，他们都是你非常敬佩的人。我相信他们也曾专注在一个甚至更多的本体论问题或是十分相似的问题上。我们问自己的问题最终会塑造我们生活的样子。最有力量的问题能让我们敞开心扉,去拥抱所有的可能性,而其他的问题可能会产生更多的迷雾。

当更详细地观察属于你的值得一玩的游戏和值得追求的目标时,我建议你可以参考这些本体论问题。这些问题可以帮助你跨越我们都很熟悉的边界困难,帮助你把一个想法从想象空间带入物理空间,这也正是这些问题设计的初衷。它们将是你的"工具包"中非常有价值的组成部分。

从本体论角度看待他人

现在,让我们更详细地了解前面学习的关于结论的知识。我们需要通过展示本体论的自我来进入明朗之境。为了产生明朗的体验,我们也要有能力收集其他人所展示的本体论证据。

回到"我的老板是个蠢货"的故事。可以肯定的是,我在这个过程中展现出来的样子是有防御性的、狭隘的,我的内心保持抗拒。和老板待在一起时,我的感受和行为让我想要远离他,而这和老板这个人本身没有太多关系。让我们把我对老板的结论与我们探究过的特蕾莎修女的结论放在一起来看。

你可能会想,特蕾莎修女从未对他人有过这种"狭隘"

的想法。那你就错了。她有清晰的自我认知。韦恩·蒂斯代尔（Wayne Teasdale）在《神秘的心》（*The Mystic Heart*）一书中提到，特蕾莎修女曾接受过采访，回顾她早年的修女生活。采访者想知道她是如何对待垂死、贫穷和被遗弃的人的。在与采访者分享自己从事这份工作的动机时，特蕾莎修女讲述了一段年轻时的经历，以及她对自己的一个让她觉得很厌恶的认识。除了慷慨的本性，她还说道："我很早之前就察觉到我的内心住着一个希特勒。"[2]

这让我很吃惊。我一直以为圣人或智者们从来不会和我一样，有非常消极的想法。有多少次我们因为别人没有看出我们内心的想法而感到庆幸？我们知道连我们自己都不喜欢这些想法，但当你察觉到人无完人时，你又有所释然。随后你才能把注意力转移到他人那些更吸引你的结论上。你能否通往明朗之境取决于你在他人身上看到英雄品质的能力。明朗之境不是一条单行道，你需要学会在专注于自身的本体论品质的同时，也能关注到其他人的本体论品质。

这样来思考一下：当你身处烟雾弥漫的城市里的时候，你有时甚至会看不到烟雾。比如在洛杉矶，天空有时看上去是晴朗蔚蓝的。但如果你坐上飞机再从飞机的窗户往外看，在大约 7 000 英尺①的高度，你会看到一片棕色的雾

---

① 7 000 英尺大约为 2 133.60 米。——译者注

霾,并不是你原以为的晴朗天空。事实上,雾霾一直在那里,只是你已经习惯了而没注意到它。烟雾使颜色暗淡,掩盖了季节的气味,世界看起来有点灰暗。即使烟雾没有灼伤你的眼睛,你的身体可能仍会对它作出反应——你的呼吸可能会变得急促,你可能会不明原因地感到疲劳。在雾霾上空飞行,你会看到碧蓝的天空和明亮的白云。这总能让我感到放松和精神振奋,我觉得自己看到了颜色本来的样子。

飞翔于雾霾之上,全新的视角会让你心情变好。你会发现你之前的视野可能不如自己以为的那么清晰和全面。我们希望以一种充满活力和清晰的方式来看待他人——以他们原本应当被看到的方式。

为了更深入地理解这一点,让我们将两种不同的看待他人的方式进行比较。找一张你在乎的人的照片。如果手边没有,就在脑海中回想一下这个人。在阅读以下内容时,想象一下这个人就在你面前,这样你就可以直接体验我们将要谈论的内容。

如果你秉承第一种心理学观点,那么你的内心可能对这个人持有至少以下六种不同的结论。你会为以下结论收集证据:

- 这个人在某些方面受到了伤害,需要被治愈。他有点不对劲,也许不是所有方面,但肯定有些方面不对劲。

- 这个人没有自己的答案。他对自己生活的某些方面一无所知。他不仅陷入迷雾，而且即使迷雾消散，他也不会知道该怎么办。

- 这个人能否被治愈或者能否获得好的建议取决于我，因为我有他的答案。

- 这个人没有多少值得追求的目标或梦想。

- 我怀疑这个人的承诺、动机和能力。

- 我觉得这个人在消耗我，占用我的能量和时间。

把这六个结论中的一个或多个应用到你所关注的人身上，并注意你的感受。我知道这是一个虚拟的场景，想象起来会有一些困难，但还是请尽力尝试。在这个人身边时，你的行为会是什么样的呢？是否还留有可能性、创造性、合作或支持的空间呢？你的内心是不是感到有一些收紧？关注自己的反应。当我们用以上一个或多个结论去看待他人时，我们自己也会有各种反应。重要的是，当你以这样的方式去看待他人时，你可以看见自己的迷雾是什么。

理查德曾经告诉我，他以这样的方式看待学生时他自己的反应。理查德是一名42岁的生物学教授，任职于一所两年制的大专学校。他的绿眼睛通常是明亮的，但当他和我谈论起令他担忧的事情时，那张英俊的脸会马上变得紧张起来，笑容逐渐消失，声音也变得单调。他说："有时候我甚至不知道自己是否应该继续这份教学工作。我对我的学生感到太恼火了。比如说有个叫艾伦的学生，他说他想成为一名理疗师，却总是上课迟到，并且每次总有借口。我不认为他真的有动力，否则他应该会把这门课放在第一位。他对自己的教育不够重视。我教的学生里有一半的人存在这样的情况，让他们为自己思考就跟拔牙一样困难。最糟糕的是，每次我布置作业，他们都会抱怨。就像我说的，可能我就是入错行了吧。"

我还记得后来我问理查德他的教学情况如何时，他的回答是："哦，还是老样子。"他的反馈明显是迷雾的信号。我了解理查德，他的人生意愿之一是成为有影响力的教师，并且他很关心自己的学生。然而，无论是谁站在他的角度，都可能用同样的方式去看待这些学生。理查德很可能会从同事那里得到很多同情，因此他这样思考是很正常的。这也正是问题所在，因为"正常的"事物并不会让他或者我们更加接近明朗之境。

"正常的"事物是指典型的、习惯的或平常的事物。上面列出的这些结论，很不幸，都是正常的。它们是我们阻力最小的选择，是我们的默认设置，是我们所熟悉的思考方式。无论这个人指的是朋友、爱人、同事还是员工，我们都可以收集大量的证据来支持这些结论，它们构成了我们日常对话的基础。根据我多年与成千上万人打交道的经验——在董事会会议、医院员工大会、社区集会、专业委员会以及朋友间的聊天中——我注意到我们被这种性质的结论吸引，就像蜜蜂被蜂蜜吸引一样。

如果特蕾莎修女通过上面列出的结论来看待她在加尔各答服务过的人,那会是很"正常的"。但她没有。她在人们身上看到了非凡的品质。我们可以学着模仿这种做法。

现在,让我们来看看你面对一个人时,你的内心可以保有的另外六个结论。这个人还是照片里的人,或是你脑海里浮现的人。你可以为以下结论收集证据:

- 这个人是个英雄,他原来的样子就本自具足。
- 这个人有目标和梦想,渴望有所作为。
- 这个人有他爱的人和爱他的人。
- 这个人有人生意愿和品格标准,无论他此刻是否知道它们是什么。
- 这个人以某种方式对我作出了贡献。
- 在我和他互动时,这个人是值得被尊重的。

当你将这些结论中的一个或多个应用到你所关注的人身上时,请感受自己能量的转移。你可能会注意到自己的身体开始放松,并且感到一切安好。当我运用这些结论时,也会产生一种从容感。我不需要分析、治愈或改变这个人。负担消失了,明朗之境离我更近了。

尝试按照这第二种视角看待他人,你会发现自己正在敞开同理心。这种方式是宽阔的、充满可能性的。你接受了本体论视角,这是直接看见人们真实内心的结果,是他人以及你原本应当被看到的方式。

想一想,如果你这样看待任何人的话,那么你和他们的对话会是什么样子的? 会出现更多的清晰、专注、从容和感恩吗? 请把这一做法扩展到和你一起工作的人身上。如果你用本体论视角看待他们,那么员工会议会变成什么样子呢?

当别人运用这些结论来看待你时,你会感受到莫大的支持。他们会看到你被迷雾笼罩的想法、感觉和行为之外的东西,他们知道你远比那些事物丰富且强大。即使当你表现不好的时候——也特别是这些时候——这些导师、朋友、家庭成员、牧师或教练仍然会看到你最好的一面。同时,他们这样的做法让你感受到自己被赋能了。被迷雾笼罩的想法和感受会消散,你会重新回归自己的本质,这是因为他们没有忽视这些品质。

接受本体论观点是需要勇气的,因为它对正常的看待他人的方式提出了反抗。不过请想一想,如果你把上面的结论抄在一张长宽比 5∶3 的卡片上,并且带到员工会议、客户会议、家庭聚会或教室里,那么会有什么不同的事情发生呢? 如果无论他人做了什么,你都尝试用这样的方式去看待他,那么会是什么样子呢?

当你想到这里时,你的心猿可能会开始说:"不要这样做! 别管这个练习! 躲开那些结论,所有人才会没事!"在这个时候,你和你的心猿可能会有许多对话。

无视他人的所作所为? 忽略不良行为? 这些并不是我要给你的建议。相反,我希望通过分享本体论观点来帮助你改善生活。当心猿冲出来想对你进行干预时,对它点头致意,然后继续把你的注意力放在这一崭新的看待他人的方式上。我们正在扩充你走向成功的技能库。记住,成功就是清晰、专注、从容、感恩地去做你说过要做的事情。这就需要我们表里如一地重新在本体论观点上进行定位。如果你拿出自己的人生意愿清单和品格标准卡片,把它们放在上面列出的本体论结论旁边,你就拥有了创造明朗生活体验的新工具。你不仅能够看到自身的本善,而且能够在别人身上看到同样的品质。这些本体论结论也仅是表明,其他人也和你一样,有自己的人生意愿和品格标准。我们能够承认自己和他人身上的光明和黑暗。同时,基于这种自我认知,我们仍然愿意奔向光明。这是多么精湛的技能啊!

另一个视角——冥想

简单探索一下冥想是很有帮助的。冥想有很多种,其中一种方式是闭上眼睛,观察自己的想法,把注意力从日常的想法转移到你的渴望上。每当你发现自己正在回到日常的想法上时,观察这个变化,然后再引导你的注意力回到你的渴望上。

如果我们把生活当成一次拓宽视野的冥想呢?无论是独自一人、与朋友在一起,还是在工作中,我们都可以选择观察自己想法的本质,然后将自己的注意力转移到值得思考的想法和值得为之收集证据的结论上。我们对生活的体验,不适或从容的程度,都取决于我们的关注点。我们将注意力放在哪里将决定我们会收集什么样的证据。这样我们可以了解到,掌控我们生活体验的并不一定是外在环境,相反,是我们如何看待这些环境。

试试以下方法:

- 把前文列出的关于其他人的本体论结论写到一张长宽比 5∶3 的卡片上。

- 带着这张卡片去参加会议或互动。

- 如果你发现一个困难的局面即将来临(例如一些没有按计划进行的事情),把这张卡片拿出来看一会儿。(当然,这可能是偷偷进行的,因为其他人可能不知道你在做什么。)

- 看看你在卡片上列出的品质。

- 问自己这个问题:如果我从这些品质的角度来看待这个人,那么接下来的互动会变成什么样?

- 不要强迫自己去看到这些品质。让你的注意力保持平缓。哪怕只是对这些品质一瞬间的考虑,都可能让你身边发生的事情有所改变。

- 即使你感到收效甚微或毫无成效,也要因为愿意尝试而认可自己。只是愿意这样做往往也会给你带来缓和的空间。

　　转移注意力的关键是对自己平缓一些。某些想法和结论已经在我们身边存在了很长时间,以至于它们已经"住进了我们思想的客厅"。它们舒舒服服地站立在那里,哪儿也不去。然而,仅仅是将你的注意力转向本体论结论,哪怕每天几分钟,也会让原先那些想法和结论感到它们不再像过去那样受欢迎。你不需要把它们赶走,你只需要带着从容,而非痛苦的挣扎,它们就会明白你的想法,然后从你的道路上离开。

第九章

能量的效率

你可以掌控金钱、时间、精力、创造力、愉悦和人际关系的能量。

通过把自己的梦想和目标记录在纸上，你启动了变成你最想成为的人的过程。努力把你的未来掌握在自己手中。

——马克·维克多·汉森（Mark Victor Hansen）

读到这里，你可能已经迫不及待了，你想要开始实现一个目标。那接下来要怎么做呢？如果能够正确地引导自己全部的能量，那么目标就会在从容之间逐渐成形。下文是一个真实的例子。

苏正在她家附近的一个社区中心为上百位朋友和家人演唱。这是她第一次在公开场合进行声乐独唱。她穿着一件她自己专门为这个场合设计的礼服——一件蓝色碎花曳地长裙，手里拿着一条与之相配的围巾，围巾的一端垂下来，整个人就像一位歌剧女主角。在演唱会快要结束的时候，与她结婚 40 年的丈夫捧着 24 朵红玫瑰从中间的过道上走下来。丈夫给了她一个深情的吻，我们把这一切都录了下来。

苏的事例，正是我们一直在探索的原则最清晰有力的证明。

10 个月前，苏在我的课上说："我现在 62 岁了。这么多年来，我一直想举办一场声乐独唱——我，一架钢琴，一些朋友。我 22 岁的时候，我说服自己不要这样做，因为刚结婚，丈夫需要我在农场工作。后来，我有了孩子。32 岁的时候，我决定等到他们高中毕业后再去追求自己的梦想。等到 42 岁，我继续推迟实现我的梦想，原因是我的大儿子快要结婚了。总之总是有各种理由让我推迟梦想。我只是想着把梦想推迟一段时间，但却没想到一下就推迟了 40 年。"

在苏列出的人生意愿清单里，"成为冒险家"得了 5 分。声乐独唱无疑是一次冒险，一次她不会再拖延的冒险。这是一个值得一玩的游戏、一个值得追求的目标。

为了达到目标，苏需要学习使用六种能量。要想在生活中带着清晰、专注、从容和感恩去得到自己真正想要的东西，你也需要学会使用这六种能量去实现目标。这六种能量是：金钱、时间、精力、创造力、愉悦和人际关系。

苏是这样使用这些能量的：

- 金钱——去上声乐课，雇一名钢琴伴奏，租用社区中心的场地。

- 时间——尽管苏有一副好嗓子,年轻时也唱过轻歌
  剧,但她仍需练习。

- 精力——"你不知道学会大声唱歌要耗费多少精
  力。我必须加强自己的声带隔膜,这比想象中的困
  难。"苏自己说。

- 创造力——制作那条配有围巾的曳地长裙。

- 愉悦——苏把在这段经历中令自己享受的每一刻
  都记录在了一本本子上。

- 人际关系——苏让朋友们给她加油打气。他们为
  这次活动成立了一个"倒茶团",为每个到场的人提
  供了茶和饼干。此外,在独唱会举办之前的一个月
  里,他们会每天安排一个人打电话给苏询问准备
  情况。

活动当天,当苏唱起歌的时候,我们见证了一次改变:
她又回到了 22 岁。你可以从她的眼睛里看到,从她充满活
力的声音里听到,那个把梦想推迟了 40 年的年轻女人又回
来了!

那一刻对每个人来说都是明朗的。即便是现在写这个
事例的时候,整个场景也历历在目,尽管这已经是十几年前
的事情了。苏燃起了对生活的热情。她决定每年环游世界
一次,在神圣的地方唱歌。我收到了生动的明信片,上面写
满了趣闻轶事,这些趣闻轶事都是关于她旅行中遇到的人
和她经历的冒险故事。

成为一条有觉察力的能量管道

就像我们看到苏做的那样，我们要成为有觉察力的能量管道。管道能够传输东西，它把能量汇聚起来，让它在物理空间中发挥作用而不至于浪费。你可以想象自己拥有一个清澈的蓝色池塘，里面有清凉的水。60英尺①远的地方，有一个你想要滋养的花园。问题是，如何把池塘里的水弄到花园里去呢？

这看上去不难，但当我们在生活中准备使用能量的时候，往往就没有那么简单了。物理空间的高密度性要求我们能够掌控能量的使用，获得对我们而言真正重要的东西，从而有机会抵达明朗之境。很显然，一个死寂的花园是不明朗的。

我们要用一根管道把能量从池塘输送到花园。这里我们将开始探索一条成功的原则。能量需要管道的引导和输送才能在物理空间中发挥作用；没有管道的引导和输送，能量只能处于闲置和休眠状态。能量会消散或郁结，进而无法被集中起来发挥正面的作用。

在古代，人们学会了挖水渠来引水，这改变了人们的生活。在学会挖水渠引水之前，人们收集食物主要依赖河流或湖泊。但河流可能泛滥，湖泊也可能干涸。自从有了水

---

① 60英尺大约为18.29米。——译者注

渠,便有了农业。人们不再需要在平原上游荡狩猎、开展采集工作。取而代之的是,许多人定居下来并创建了城镇。在这些地方,不同形式的文化得以发展。

不仅能量需要管道的引导和输送,管道也需要得到能量来行使自己的功能。这是另一条成功的原则。没有能量通过的管道只会变得空洞无用。

你就是我这里所说的管道。你是可以完美地让能量流通的管道,以此来滋养你目标和梦想的花园。

能量必须得到引导。当管道从池塘中抽水时,我们要确保它指向正确的方向。你可以让大量的能量通过管道流出,但如果不是指向花园,花还是会枯萎死去。这和我们如何使用自己的能量是类似的。我们或许并不缺乏金钱、时间和精力这些可以用来创造明朗时刻的能量,但我们仍需学习以精确而明辨的方式来引导这些能量,将其引向那些我们希望滋养和助长的理念与梦想。

此外,为了更好地发挥作用,管道不能有淤泥,能量必须能够从容地流动。在物理空间中,管道被淤泥堵住是很正常的。对你来说,淤泥会使你的能量无法发挥全部作用。这说的就是那些未完成的工作,它们会导致你无法获得自己真正想要的。遭遇这样的境况会让你感到不舒服。然而,如果你仍然愿去做,我保证你会在进行自己真正想玩的游戏时感受到更大程度的清晰、专注、从容和感恩。换句话说,你将成为一条有觉察力的能量管道。

要想成功,管道不能有漏洞。无论是水管、河堤还是电线,多年的使用会让一些地方受到磨损,之后能量也会在这些地方流失。对我们来说,当出现以下情形时,你要知道自己的能量正在发生泄漏:

- 你没有因为使用能量而得到真正的满足感。
- 你没有用能量去做任何对你、你的社区或你爱的人而言有价值或有益的事情。
- 你有"不知道能量去了哪里"的感觉。

目前,我们已经建立了一些对金钱、时间、精力、创造力、愉悦和人际关系等不同形式的能量的直观认知。请注意我们对能量所用的动词。例如,在说到有效利用能量时,我们会使用"投入""耗费""节约"这样的动词。在描述能量的无效使用时,我们会使用"浪费""失去""挥霍"这样的词。你可能用过这些词来描述自己与金钱、时间和精力的关系。随着我们继续学习,你将发现这些词也同样适用于创造力、愉悦和人际关系这些能量。

在本章中,我们将仔细讨论每一种能量,以及如何对其引导让其能够从容流动。我们将看到有效和无效使用这些能量的例子。就像苏一样,你可以体会到实现目标的激动,这些目标都等着被赋予你的名字。

我们每个人与这 6 种形式的能量都有着不同的关系。对有些人来说,金钱是需要学会合理使用的东西;对有些人来说,学会掌控时间才是当务之急;对另外一些人来说,知道如何掌控精力是取得个人成长最好的机会。与此同时，所有形式的能量都是相互联系的。这意味着，你如何对待其中一种能量也会带给你如何对待其他能量的提示。当你阅读下文时，请思考对你来说什么是相关性最大的。

金 钱 的 能 量

我学习如何有效调用能量是从对金钱的能量的漫不经心开始的。很多年前，由于听从了心猿之声，我有过一些不明智的商业决策，花费了数千美元。我当时很想把这些失败归咎于别人。过了一阵子，我开始自责。很明显，我必须学会观察自己要去的地方，这样才不会"再次撞上那些迎面而来的卡车"。

如果你想知道我是如何从关于金钱的问题中醒悟过来的，你可以去读《金钱的能量》这本书。它会引导你去彻底审视自己和金钱的能量的关系，并给予你改进的策略，帮助你将能量集中于自己在生活中真正想要的东西上。

约瑟夫·坎贝尔曾说："金钱是凝练的能量。"[1] 凝练意味着金钱是实际存在的，你可以把它拿在手里，用它做点什么。当然，现在我们有了信用卡和借记卡，也有了通过点击按键来转移巨额资金的工具，金钱本身的实体化程度有所降低。事实上，通过 25 年来观察他人与金钱的关系，我看到金钱电子化的一个影响是：人们将金钱抽象化了，金钱变得不那么实在和具体。直到收到账单发现自己实际花了多少钱时，我们才会有真正花钱的感觉。如果你在下周完全采用现金支付的方式，你就会明白我的意思。请注意这个简单的变化是如何改变你对金钱的体验的。例如，如果你采用现金支付的方式，你可能会注意到自己花得少了，或者消费时更加谨慎。没有什么比从钱包里拿出共计 83.59 美元的纸币和硬币更能让你慎重下单了。

我经过多年的心理探索和自我分析发现，将金钱视为单纯的能量，会让它摆脱许多附着的包袱。我们可以把金钱比作电来进行理解。电可以照亮一个房间，也可以让我们感受触电的痛苦。能量是有益还是有害，取决于它被如何使用。金钱的能量也是如此。金钱既不是精神的，也不是非精神的；不是好的，也不是坏的。这就足以让许多人松了一口气，因为在职业生涯的大部分时间里，他们都因为至少以下一种想法而向他们的客户收取了过低的价格：

- 金钱不是精神的，所以如果我从事精神康复性质的工作，并且对我的服务收费，那么我就违背了精神原则。
- 如果我做得很开心，那么我就不应该为自己正在做的事情收费。（我认识的一个专业组织者发现她很难对自己的服务收费，因为她对自己所做的事情感到非常享受。）

学会如何使用金钱的能量的最好方法之一是，创造一个值得一玩的游戏、设定一个值得追求的目标。这是因为，一个游戏和一个目标为你开始专注于如何使用金钱的能量提供了契机。让我通过梅根的故事来告诉你我为什么这么说。

梅根是旧金山一家广告公司的行政助理。28 岁的她聪明而充满活力,可以想象,她的事业正蒸蒸日上。不过从她跟我的聊天中可以知道,很明显她并没有去任何地方进行休假的计划。

"我的人生意愿之一是拥有丰富的旅行经验。不过这不现实。我已经有 5 年没有好好度假了。可能是因为我觉得自己不配休假,也可能是因为在我的记忆中父母从没休过假。这件事很令我沮丧。我看到其他人都在享受生活,就会问自己,这到底是怎么回事?"

仔细分析一下梅根所说的话,我敢打赌你至少能发现两三个心猿症状:合理化、借口、拿自己与他人进行比较。当我们没有对重要的事情采取行动时,心猿就会很困扰我们。

以下是我和梅根一起做的事情。她设定了一个目标,即在一年内去加勒比海进行一次为期一周的休假。这个游戏看起来是这样的:

- 意愿:拥有丰富的旅行经验。
- 目标:到 2002 年 7 月 18 日(一年后的今天)为止,我会进行一次为期一周的加勒比海度假之旅。

时间不是梅根的问题,金钱才是。她当时没有度假所需的钱,也没想过一年内会有。我问她是否无论如何都愿意,她表示愿意。

此外，梅根的两个品格标准是"有创造力的"和"性格开朗的"。我问她是否愿意以一种有创造力、开朗愉快的方式进行她的游戏，她再次表示愿意。

有了本体论基础，我们接下来看看她可能在哪里泄漏金钱的能量。请记住，当你没有从自己使用能量的方式中获得满足感或价值时，就会发生能量泄漏。梅根同意记录她接下来 30 天里花掉的每一分钱，不是为了做预算，而是为了观察能量去了哪里。

那段时间快结束的时候，我接到了她的电话："我刚刚追踪完自己投入金钱能量的地方。你绝对不会相信的！我每天至少花 7 美元买卡布奇诺咖啡和羊角面包或其他零食。一天 7 美元乘以每年至少 220 个工作日就是 1 540 美元的开销！这不是说我是值得还是不值得拥有，我正在以 7 美元一次的代价把我的假期吃掉喝掉！"

梅根决定就此情况尝试做一些有创造力且愉快的改变。她决定在周一和周四给自己照常的享受。这反而提升了她的享受感，因为一周两天的卡布奇诺咖啡和羊角面包会变得很特别，成了她的珍享。购买行为不再是不假思索作出的反应。一周其他的工作日里，她把同样的 7 美元存入一个假期储蓄账户。结果如何？一年后，我从大开曼岛收到一张明信片。那是梅根尽情享受的美好时光——一个全额支付的假期！

没有什么比拥有一个目标更能引导金钱的能量了。有了目标,你会开始慎重考虑金钱的使用。我见过那些曾确信自己无法控制支出的人幡然醒悟,开始从容地作出非常不同的选择。你只需要去看对你而言什么是重要的,比如你的人生意愿,然后创造机会让这些意愿成为现实。主观意识增强,能量的泄漏就会减少。

如果你有兴趣从你的英雄之路上清除有关金钱的迷雾,那么请连续 30 天效仿梅根的做法吧。记录你的支出,但不要剥夺自己享受的权利,不要刻意节省(这么做只会让你建立起一个"饱餐与饥饿选其一"模式,然后自动导致报复性消费)。你只需要观察你用金钱做了什么,然后问自己,是否能以对你、你的家庭、你的社区有益的方式更有效地利用金钱的能量。

时 间 的 能 量

时间和金钱在我们的文化和生活中交织在一起,它们是人们有时候放弃追求梦想的两个主要理由。毋庸置疑,金钱是许多人焦虑的问题,而关于时间的能量的讨论也在急剧增加。我们变得越来越忙碌,以分钟为单位来衡量生活。

说到分钟,你每天有 1 440 分钟。每一个成功的、实现了内心渴望或创造了明朗时刻的人,每天也都有同样的 1 440 分钟。可能和许多人一样,你的心猿正飞快地解释着为什么你的情况特殊。我记得我的朋友吉姆跟我说："我知道，我知道，我们的分钟数是一样的，但是你不明白，我真的没时间。我是学校助理校长，并且我有两个孩子，一个6岁，一个8岁。确实，我的人生意愿之一是成为成功的艺术家，但是我说没有足够的时间，我是认真的，这不是借口。"

我认识吉姆是因为他想让学校的教师学习辅导技能，以便更好地教导学生。他很忙，工作成堆。我和他试着讨论什么能够为他创造明朗时刻。

我们知道，当我们证据充分的时候，我们就变得油盐不进了。别人越是试图让我们发现我们的认知可能有问题，我们的想法反而会变得越根深蒂固。

我让吉姆写下数字1 440，也就是一天的分钟数。然后我让他写下数字10。10分钟不到1 440分钟的1%。如果你每天做10分钟让你满意的事情，在一年结束时，这件事你就做了大概60个小时。60个小时达到了一门大学课程的时长，超过了一个工作周。

对吉姆而言问题在于"只是为了你自己，你会用60个小时做什么？"吉姆决定每天花10分钟，在下班后和大多数周末的下午5:15～5:25，在他的车库里创作水彩画。他推算了一下，如果完成1幅画大约要花5个小时，那么他将在大约1个月内完成1幅。后来，他承认他把时间一路增加到了每天15分钟。

吉姆创造的值得一玩的游戏大概是这样的：

- 意愿：成为美的创造者。
- 目标：5 月前（即从现在开始的 1 个月内）完成 1 幅水彩画。

距这次聊天 2 个月后我见到了吉姆。他已经迈出了前进的脚步，画了 2 幅画，并且有了更大的收获。他是这样说的："如你所见，我做到了。我会继续这么做，因为这件事改变了我的生活，我很开心。更重要的是，我 8 岁的儿子马克看我画了大约 1 周之后，问我他能不能也这么做。现在几乎每天，马克和我都会在车库里待上 15 分钟。我和我的儿子在一起，这是多么甜蜜的时光啊！马克的弟弟亚当现在还没有做这件事所需要的注意力持续时间，但有一天他可能也会想加入我们。我的妻子埃伦很高兴，因为我不再那么神经紧张，她说她喜欢看我笑。"

每天有 15 分钟进入明朗之境。非常不错！

在掌握了新的每天花 10～20 分钟的方法之后，你可能会想停止之前使用这些时间的方法。请让自己意识到并合理安排每天、每周或每年花在玩电脑游戏、看电视等事情上的时间，你会逐渐看到迷雾消散。知道自己在路的哪一边，你就会凭直觉知道下一步该怎么走。

精 力 的 能 量

假想你和自己的身体是一种伙伴关系。在这种关系中,你们像一个团队一样协作,参与你生命中值得一玩的游戏。下面的思维实验应该会为你和你的身体形成这样的关系建立基础。

想象一下,你发现自己和身体之间的沟通不太顺利。你们好像有些冲突,在你看来是一种敌对关系。因此,你决定带上自己的身体去进行一个关于伙伴关系的咨询。

你到了那儿,挨着你的身体坐在咨询师办公室的沙发上。咨询师转向你,让你谈谈对自己身体的想法。你详细地阐述了几分钟。然后咨询师转向你的身体并问:"你对这个人有什么评价?"

你觉得你的身体会怎样评价你?评价可能是这样的:

- "他从来没有好好喂过我。"
- "他从来没有让我充分休息。"
- "他总是拿我和别人进行比较。"
- "我要是起了一丁点儿粉刺,他就想把我藏起来。"
- "当他在镜子里看到我时,会露出厌恶的表情。"

如果你和一个如此对待你的人保持这种私人关系,你还会想维持多久?那为什么身体还会愿意继续呢?为了感受这一点,想象一下有没有可能你的身体和你在一起是因为你的身体爱你。从你进入物理空间的那一刻起,你的身体就是你的伴侣。你的身体就在你身边,一直不曾离开。你的身体希望支持你在值得一玩的游戏中取得成功。

如果你知道某人非常爱你,你会如何对待这个人?在一次由我主导的、在加州海滨休闲中心举办的讲座上,辛西娅给出了她的答案:"这种观点带来的改变是多么巨大啊!如果我认为我的身体爱我,那么我就会把身体当成我最好的朋友。我就会想好好照顾我的身体,并且对我的身体有所回报。不再抱怨,不再说关于我身体的坏话,我们在一起会很开心。到目前为止,我关注的都是我是否喜欢自己的身体。我在这个问题上花了很多时间。现在我将转而专注于另一件事情——我的身体爱我。"

在有诸多抱怨的情况下,你很难去爱你的身体。你可以把你的注意力从那些抱怨转移到"你的身体爱你"这一结论上。这样做,你就能够改变自己和身体的关系。你对身体的行为、你的表现都会跟着改变——以一种自然、温和且从容的方式。

让我们把这个思路再往前推一点。你的身体从来没有妨碍过你,从来没有伤害过你。你的身体仅仅受我们前面探讨过的物理空间的三个特征(高密度性、非恒定性和不可预测性)的制约。你的身体并没有妨碍你的动机。

我们这里所说的精力不是指能够卧推 150 磅①或跑马拉松——除非这些对你而言是值得一玩的游戏——精力是指将令人愉快、充满从容的能量投入对你而言真正重要的事情之中。让我们在接下来的两个故事中更深入地体会这

———————————

① 150 磅大约为 68.04 千克。——译者注

是什么意思。

减肥不是目标。没错,它不是。先别惊讶,请继续读下去。减肥是追求目标的副作用。在第七章中,我们了解了乔迪改变她与身体关系的故事,下文斯坦的故事是另一个例子。

61 岁的斯坦决定在加州的迪普西步道(Dipsea Trail)上慢跑。这一步道始于米尔谷小镇(Mill Valley),沿着溪流,在有风吹过的草地的雾气之中蜿蜒,直至斯廷森海滩(Stinson Beach)和寒冷的太平洋。这一切都被包含在 7 英里①多一点的距离之中。

斯坦并不想赢得在迪普西步道上举行的慢跑比赛,他只是想获得参与其中的快乐。比赛前 6 个月他开始训练,那时他足足超重了 25 磅②。同样的重量,他反复增减了 10 到 12 次。这一次,斯坦转移了他的注意力。

正如斯坦所说:"我的朋友们以为我疯了,直到我告诉他们,我会带着清晰、专注、从容和感恩在迪普西步道上慢跑。刚开始的时候,我的进展很慢,因为这些年来我的身体变得非常迟钝。没错,非恒定性!我不是 25 岁了,我的身体在我能运用它的程度上确实发生了变化。但我有一个'成为身体强健的人'的人生意愿。仅仅节食和每周散步 4

---

① 7 英里大约为 11.27 千米。——译者注
② 25 磅大约为 11.34 千克。——译者注

次不那么带劲。直到找到值得一玩的游戏和值得追求的目标，我才总算跟上了我的人生意愿。"

斯坦创造的值得一玩的游戏大概是这样的：

- 意愿：成为身体强健的人。

- 目标：到 2004 年 8 月 15 日之前在迪普西步道上慢跑。

斯坦进行了充分的准备。他的朋友们被他的热情感染，其中有两人也进行了训练并和斯坦一同参加比赛。他们每个人都瘦了，斯坦更是瘦了 18 磅①，还长了肌肉，他完全沉浸在这次冒险之中。

如今，斯坦已经在参加大师级的铁人三项比赛，并且乐在其中。他说："所有这些活动都很有趣，但对我来说，我的明朗时刻出现在大约一年前。那天下午，我和儿子杰夫在看家庭照片，我们看到一张我在迪普西步道上拍摄的照片。他说：'爸爸，我一直都想告诉你一件事，你是我的偶像，你做的这一切让我为你感到骄傲！'儿子的这些话让我觉得一切都是值得的！"

时刻拥有精力的秘诀是做一些能让你保持想象力和激情的事情，这就是我们之前所谈到的"全情投入"。当你全情投入值得一玩的游戏中时，自然会开始寻找方法来处理这些年来积累的身体"淤泥"。

---

① 18 磅大约为 8.16 千克。——译者注

弗兰(化名)65 岁,患有糖尿病。任何处于相同处境的人都会告诉你,要把血糖控制得恰到好处是非常困难的。这需要进行监控,因为血糖水平是会浮动的。不过,弗兰做得不是很到位,她准备接受医生的责备。

然而,弗兰并没有被责备,正如她的医生跟我说的那样:"在弗兰进入检查室的时候,我看到了她脸上的表情。想到值得一玩的游戏的概念,我决定多陪陪她。我心血来潮,让她填写了人生意愿清单。位列清单之首的是'做一个有爱的祖母'。我问她,如果身体感觉好一点,作为祖母的她会做什么。她说她一直想向孙子女们展示怎么打理花园。"

想着这个目标,带着医生的鼓励,弗兰开始发挥创造力。她给自己和分别是 9 岁、11 岁和 12 岁的孙子女们拍了照片,还拍了一些美丽花园的照片,并且把这些照片都贴在一张硬纸板上。硬纸板上写着:"到 2006 年 6 月 16 日前,我要教奈德、特里和克里斯汀种植出一个花园。"这让她把注意力集中在这个目标上,她知道为此需要保证自己的身体健康。她不仅开始规律地监测自己的血糖水平,还开始每天步行 20 分钟以更好地实现目标。

弗兰的医生说道:"她的改变让我感到欣慰。我的办公室里展示着一张照片,照片上是弗兰、她的孙子女们以及他们培育出的花园。弗兰现在感觉很好,每天继续和朋友一起散步。看到她的进步,我也感到了成功!"

为了改变你与身体的关系,请回忆一下前面讨论过的四格模型,并拿出一张纸和一支笔。在接下来的 10 分钟里,请写下你的身体爱你的证据,看看你的身体为你做了什么,它是如何与你同甘共苦的。尽量让你的事例具体而简洁。例如,我写下了我的身体是如何支持我进行那次大峡谷徒步旅行的。如果你听到心猿对此喋喋不休,向它挥挥手,然后把注意力重新集中在收集你的身体爱你的证据上。在接下来的 10 天里,请把这张纸放在你能看到的地方。

愉 悦 的 能 量

当你使用愉悦的能量时,你也是在培养细心体会眼前事情的能力。你学会了在自己正在做的事情之中感受快乐,而不是匆忙地完成它再进入下一项任务。享受的反面说法是消耗,例如,我发现天生苗条的人和不得不努力变苗条的人之间的区别在于,前者懂得享受食物,而像我这样不得不努力变苗条的人则是在消耗食物。

有一次我跟一个天生苗条的朋友在一起。那是旧金山一个风很大的下午,由于我们整个上午都在见客户,因此决定是时候提提神了。我们去了一家以甜点闻名的餐馆。

我和朋友并排坐下,一人点了一份热软糖圣代,上面有坚果、攒奶油和一个樱桃。我盯着服务员端着我的圣代向我走来。当她把圣代放到我面前时,我的身体立即摆出护着圣代的姿势,生怕它被抢走。

我飞快地吃着圣代,不知道是不是真的害怕别人要把它抢走,10分钟后我的圣代就吃完了。我把空盘子推开,桌子上残留着一点圣代,我的嘴角还挂着巧克力酱。我听到内心一个微小的声音说:"我不敢相信自己把这一整个圣代都吃了。"

与此同时,我的朋友正在小口吃着美味的圣代,享受着每一口的滋味。她说:"你知道黑巧克力是怎么跟这种冰激凌的香草豆混合在一起的吗?另外,我觉得这些杏仁确实是新烤的。攒奶油也是正宗的,因为我能感受到充斥口腔顶部的乳脂。"

10分钟后,我的朋友推开吃了一半的圣代。我听到她嘀咕了三个字:"我够了。"这是在圣代面前,我的字典里不可能出现的三个字。当然,她这么说对我而言是好消息,因为我可以把她剩下的圣代吃掉。

当我蹒跚着走出这家餐厅时,我恍然大悟。我意识到,虽然我吃的东西是我朋友的3倍,但对于吃圣代这件事我却几乎没有记忆,因为我吃得太快了。我把圣代消耗掉了。相比之下,虽然朋友吃得更少,但更为享受。由于她感到很满足,因此很快又想吃甜的东西的可能性就小了。至于我,什么热软糖圣代?只剩一片模糊的记忆。

培养愉悦是在开发一项技能。它希望你将注意力从一个被称为"让我搞定这件事"的结论转移到一个被称为"关于此刻,我能体会到什么?"的结论上。你把视线从一个想象中的未来抽离出来,投入更为真实的当下。

尝试一下"愉悦挑战"吧。试试下面这些策略,看看自己在使用愉悦的能量时发现了什么:

- 在接下来的 3 天里,下定决心去"享受"你所吃的一切。你可能会发现,虽然自己吃得少了,但是感到更加满足。

- 在你准备购买超市收银台前摆放的很可能是没用的东西时,问自己这个问题:我真的会"享受"自己即将扔进购物篮里的东西吗?

- 当你开始为了实现一个目标而精心准备和努力时,请朋友和爱你的人每天问你:具体来说,在这个过程中,你"享受"的是什么?

虽然这些都是小调整,但是它们能够把你引向明朗之境,而明朗之境只出现在当下。

人际关系的能量

那些带着清晰、专注、从容和感恩去行动的成功人士往往发展了丰富的人际关系。这种丰富的人际关系有两个主要特点,其中一个就是给予和接受支持。我们通常知道如何给予支持,问题是,我们知道如何接受支持吗?

大多数人都有这样一个错误的认知:如果我们接受支

持,就会贬低自己的成就。帮助可能被视为拐杖,甚至代表了个人的失败,或者我们把它想象成对他人的麻烦,但是如果坚持这样的认知,其实相当于放弃了抵达明朗之境的可能性。

请看下面这个事例。"我是亲自完成的,但我不是一个人。"桑德拉解释道。桑德拉说的是她的朋友帮助她开展企业高管培训业务的事情。她继续说道:"我的朋友们为我建立了一个支持系统。我在晚餐的时候请他们吃意大利面。餐桌上,我简述了自己的创业愿景,告诉他们我需要得到支持,并帮助我解决心猿所带来的困扰。黛博拉给了我一个人的名字,这个人有一间小办公室要转租。瑞秋向我介绍并邀请我加入一个职业互助小组,这个小组正好暂缺可以代表专业培训业务的人士。朱迪给了我一个当地小企业主俱乐部的名字,他们正在寻找演讲嘉宾。最终结果是,我在两周内找到了三位客户。"

我们都存在于一个相互依赖的系统中。不管我们个人对这个系统的感受如何,我们在社会、经济和生态上都是联系在一起的,就像一个巨大有机体的细胞一样。当我们身体的各个部分和社会一起运作时,我们是最健康的。玛格丽特·惠特利(Margaret Wheatley)这样总结道:"当我们寻求联系时,我们使世界恢复完整。当我们发现我们对彼此来说是多么重要时,我们看似独立的生命就会变得有意义。"

当你请另一个人为你提供支持的时候,其实是在送给这个人一个礼物。你是慷慨的,因为你在允许他或她为你的生活作出重要贡献。通过合作,你们双方都会受益。当你让对方知道他或她所带来的影响时,对方的帮助行为也就得到了回报。

回忆一下你自己对别人的生活产生积极影响的时候。可能是你和桑德拉这样的朋友坐下来谈一个商业项目的时候,也可能是你成为一个需要被倾听的年轻人的导师的时候。

丰富的人际关系的另一个特点是,你谈论对自己而言重要的事情。这并不是说跟朋友或同事的每次交流都必须深入而有意义,我指的是跟你周围的人开展有意义的对话的机会,因为你谈论的是自己的目标、梦想和人生意愿,你没把它们只藏在自己心里。像桑德拉一样,你敢于表达自己内心深处的想法。

创造力的能量

当我问人们创造力的能量对他们来说意味着什么时,我通常会得到下面这样的答案:

- 我的身体里没有创造力基因。
- 比起有创造力,我更为实际。
- 我不是米开朗琪罗,还是把和创造力有关的事情留给艺术家们吧。

事实上,每个人都有创造天赋。当我们参与到属于自己的值得一玩的游戏中时,我们都会释放天赋。我想说的创造天赋其实就是我们进行游戏时采用的那些具体方式:你通过穿着飘逸的蓝色礼服的苏看到了这种方式;通过弗兰和她制作的用来记住带孙子女们种植花园的照片看到了这种方式;还通过吉姆每天作画 15 分钟的绝妙方法看到了这种方式。

多年来,我发现我们经常低估自己的创造力,因为它们来得太容易了,我们会意识不到自己正表现得富有创造力。例如,你因为某件事情——比如准备一顿饭、设计一本小册子或者组织一场聚会——做得好而得到别人的认可,你听到认可后说的第一句话是:"这没什么吧?"

我发现很多和我共事的人都认为自己没有创造力,这是因为他们忽视了自己的天赋,而总是认为别人很有能力。放下所有这类想法,请记住你是个拥有智慧和天赋的人。

带着从容去创造明朗体验的一个秘诀是,找到你能做好的事情,并在朝着目标前进的过程中运用你的天赋。如果你愿意做一次勇敢的,同时也是有创造力的尝试,那么你就可以找到你的天赋。

请问问你的朋友、家人和亲密的同事,在他们眼里,你能把什么事情做得很好。这是在用人际关系的能量来支持你。不要忽视或削弱他们说的话,给他们带去那种你接受自己天赋的快乐。

以下是你可以问他们的问题,这些问题会给出关于你的创造天赋的反馈：

- 你认为我做得比较好的三件事情是什么？
- 想一想你过去夸过我，我却轻描淡写、一笔带过的事情。这些事情是什么？
- 如果别人让你描述我的两项天赋或技能，你会列举什么？

不管你的心猿怎么说，请记录对这些问题的回答，并找寻字里行间透露出来的信息。不同的人可能会用不同的方式表达相同的概念。当我问我的朋友以及家人这些问题的时候，他们指出我的一个天赋是即兴、临场发挥的能力。我从来没把它看得多特别，因为对我来说这是件很自然的事情。我总是通过寻找新的方法来应对困难，从而创造性地解决问题。无论是做饭、计划旅行，还是在演讲时遇到视听设备出现状况，我都是如此。

现在我的这种能力有了名字，我便又有了一个工具。当我遇到那些带着高密度性、非恒定性和不可预测性的困难时，我会有意识地呼唤这种能力。我问自己：一个擅长即兴、临场发挥的人会如何处理这种情况？（这种方法很有效！）

是时候创造一个游戏了

现在，你愿意创造一个值得一玩的游戏并设定一个值得追求的目标吗？请记住，明朗之境是行动的结果，而这些行动反映了你真正的自我。

　　选择一个对你而言得了 5 分的人生意愿并将其写下来。如果你这样做的时候，心猿开始喋喋不休，对它说："知道了！"然后把你的注意力转回这个人生意愿，把"我愿意"放在你所写内容的前面。现在设定一个目标，这是游戏中你需要"得分"的领域或对象。目标有以下五个特征，请确保每一个特征都反映在你的目标中。

- S(specific)代表"具体的"。例如进行投资、种植花园、写短篇故事、画一幅画、举办演唱会等。

- M(measurable)代表"可衡量的"。例如什么样的花园、哪种短篇故事、在哪里步行等。这和"具体的"有关，在这里，我们可以更形象地看到目标的样子。

- A(attainable)代表"可达到的"。这个目标是一个小的"伸展"，请记住，这是一个可行的目标。我希望你降低标准，当实现这个目标时，你不会因为太累而无法享受。

- R(relevant)代表"相关的"。目标对你而言必须有意义，这是你参与这个游戏的全部目的。意义源于这个目标展示了一个人生意愿，也源于在你追求目标时，看到自己使用的品格标准。

- T(time-based)代表"基于时间的"。给这个目标加上年、月、日,也就是你打算实现目标的具体日期。

（对于你的第一个目标而言,不要把日期设置成晚于从今天开始往后的 6 个月。）

请确保相关描述简明扼要。这里有一些例子,是从成千上万已经这样做的人的事例中挑选出来的,用来帮助你往正确的方向进行实践。

- 人生意愿:成为有爱的丈夫。

  目标:在 2007 年 6 月 15 日之前,我将和苏珊度过一个浪漫的周末。

- 人生意愿:成为在精神层面持续发展的人。

  目标:在 2007 年 9 月 30 日之前,我将进行一次禅宗冥想静修。

- 人生意愿:成为成功的作家。

  目标:在 2007 年 11 月 21 日之前,我将完成童话书手稿。

- 人生意愿:成为身体强健的人。

  目标:在 2007 年 10 月 25 日之前,我将骑行 50 英里①从佛蒙特州的一家小旅馆到另一家小旅馆。

- 人生意愿:成为美的创造者。

  目标:在 2007 年 5 月 12 日之前,我将种植一个芳草花园。

---

① 50 英里大约为 80.47 千米。——译者注

你的目标让你从认知走向行动。找到一个游戏,任何游戏,我们就会往前走。如果你的心猿因为你可能没有开展正确的游戏而大吵大闹,你只需要挥挥手,然后再继续前行。我保证你会看到,游戏的内容本身没有你勇于玩游戏重要。事实上,最重要的是,在你追求目标的过程中,你发现自己成了什么样的人。

第十章

关键在于如何玩游戏

每个成功的游戏都有五个阶段。

我曾经一度以为我的生活,真正的生活就要开始了,但是总有一些阻碍——一些需要先解决的事情,一些没做完的工作,一些要去为他人服务的时间,又或是该偿还的债务。解决完这些阻碍,我的生活才能真正开始。最终,我猛然明白了这些阻碍就是我的生活本身。这个认知让我看清了世上没有通往幸福的道路,幸福本身就是道路。

——神父阿尔弗雷德·德索萨(Fr. Alfred D'Souza)

《因卡塔词典》告诉我们,"容易"一词意味着做某件事情只需要投入很少的精力或思考。但我们同样明白,投入很少的精力意味着能量也很少。当某件事情对我们来说太容易的时候,我们往往会感到无聊或反而容易犯错,因为我们容易把注意力从正在做的事情上移开。缺乏挑战会让我们不再专注。

我并不是让你刻意回避那些容易的事情。每个人都需要时间来放松和享受。事实上，在本书的开头，我就问过你这个问题："你愿意活得更轻松一些吗？"

我们在这里追求的品质是从容，而非容易。"从容"一词的含义和"容易"有所不同，它代表一种能将我们引向明朗时刻的行动品质。从容的同义词有自然、简单、坦率等。从这个意义上来说，从容并不是指不花精力去做事情。从容强调的是将精力都集中在一个明确的方向上，并且不陷入紧张的局面。这意味着你能够努力工作，并保持从容。

跟从容相对的并非困难，而是挣扎。我们挣扎的表现是这样的：

- 在自己的英雄之路上等待心猿离开，否则就止步不前。
- 分析而非观察心猿的本质。
- 参加许多没有意义的活动，这些活动会分散我们投入目标和梦想中的注意力。
- 继续为一些结论收集证据，这些结论会限制我们对可能性的感知，丝毫不会让我们更接近梦想。

我们的工具包里有能把挣扎最小化的工具。同时我们知道，从想象空间到物理空间的穿越，一定会需要我们付出努力、加以引导。（还记得"边界困难"吗？）我们知道障碍是游戏的一部分，但我们的探索也告诉我们，从容也可以成为游戏的一部分。

我们一会儿就会探索任何成功的游戏都会经历的五个阶段,以及每个阶段该怎么做才能增加从容地玩游戏的可能性。不过,生活并不总会按计划好的进行,我们先来看看当你眼前一团糟时你能做些什么。

当从容来得并不容易时

和许多人一样,"成为对自己所在社区有贡献的人"是我的人生意愿之一。当我在边界上遇到来自物理空间的强烈挤压时,专注于这一人生意愿多次把我从放弃的边缘拉回。接下来,我将讲述一个让我记忆犹新的故事。

几年前,我有幸出席了在南卡罗来纳州希尔顿黑德举行的国家行为医学临床应用研究所会议。我很荣幸受邀与这些处于康复行业最前沿的人交谈。

事情发生在我准备进行演讲的当天早上。前一天晚上,我从加州乘晚班飞机抵达会场。当时我正在演讲者休息室里吃着燕麦片,并为大约 1 个小时后的演讲进行心理准备,以此确保我的头脑保持清醒。我穿着旧的绿色运动服和跑鞋,没有化妆,头发凌乱,而且还没刷牙。但我感觉很棒,因为在需要换衣服之前我还有一些放松的时间。

突然,休息室的门猛地开了,会议组织者喊着我的名字。"玛丽亚,"她神色惊慌地说,"10 分钟之前你就应该出现在楼下开始演讲了!"

我把手表设错了时间!

我嘴里蹦出了两个单词,它们的开头字母分别是 O 和 S。心跳加速的我冲出休息室,意识到没时间换衣服了。随着电梯下降,我赶紧用手把头发捋一捋,让发型看起来不那么像爱因斯坦。

在那一刻,我没有像几年前那样回顾自己的整个人生,而是回顾了自己的人生意愿。鉴于其中之一是"成为对自己所在社区有贡献的人",我开始问自己:在这种情况下,如何才能对我即将见到的人有所贡献?接着,我的内心开始平静并逐渐敞亮。

我走进讲堂,里面差不多有 200 人,并且他们都不太高兴,因为此时我已经迟到了差不多 20 分钟。我沿着中央过道走上台,他们没发现我是演讲者,因为我看起来并不像。这次演讲的主题是英雄之旅,包括需要跨越的边界困难,而我现在就身处其中。我走上演讲台,在工作人员帮我调试麦克风的时候,我问听众:"你们有没有经历过这样一个噩梦,本来你应该在演讲,但你却记错了时间,最后在一大群人面前迟到并且看上去很糟糕?"

现场先是沉默,然后每个人都开始大笑起来。我请他们通过想象我穿着那件原本将十分惊艳的漂亮的黑紫色套装来支持我。我们都笑得更开心了。接着我开始了关于

"需要跨越的边界困难"的演讲，并且结合这个主题，我和听众一起审视了刚刚发生的事情。当我带着从容跨越边界困难时，我也正在谈论它。

在我开始遵循这本书里所讲的原则之前，有时我也会遇到类似的糟糕的事情。无论你准备得多么充分，总会遇到这些无法预料的时刻。如果上述情况发生在多年前，我的注意力会自动转移到我的错误上，并且停留在那里。我可能会建议组织者取消我的演讲并暂时休会。更要命的是，我可能会在接下来的一两个星期里听到心猿的叨扰——我怎么能那样做呢？我是哪儿出了问题？我应该另找一份工作。

但在那个时刻，相较于恐惧和自责，我有的是同情和温和的幽默。因为我处于观察模式而非分析模式，所以我有机会用创新的方式来解决问题。后来一位女士甚至问我以这种方式发表演讲是否有意为之。（当然不是！）幸运的是，我记住了要将关注点从不适感转移到更有趣的结论（作出贡献的机会）上。我的注意力从我身上转向了当时和我在一起的人身上，我也相应地展现了自我。结果如何？明朗时刻从物理空间的高密度性、非恒定性和不可预测性中凸显了出来。

接下来，让我们继续讨论所有游戏都需要经历的五个阶段。每个阶段都要求你以不同的方式使用能量，并且每个阶段都有各自的陷阱和可能性。

虽然我们用的是"游戏"这个比喻，但你也可以用"项目"来代替，比如写一本书、创立一个公司、推出一个新产品、学习用一种新语言进行一场 20 分钟的对话、为你的孩子策划一次聚会，又或是为一场马拉松而开展训练。这里的核心特征是你的游戏有开头、中间过程和结尾，而不仅仅是一个持续一段时间的过程，例如每周锻炼三次或及时回复电子邮件——这些固然重要，但其并没有真正的终点，所以就不存在能让你实现的真正的目标，你也更无法将其作为下一次前进的起点。

正如我们前面所说的，你所创造的游戏塑造了你。最终你会发现，任何游戏的具体内容都没有你投入自己的生活这件事重要。在游戏的每个阶段，你都有机会带着清晰、专注、从容和感恩去玩游戏。

第一个阶段：创造

游戏的第一个阶段是创造，它发生在想象空间里。当你做到以下几点后，你就为自己所追求的目标建成了一个强大的场域。

A. 明确你的目标和支撑它的人生意愿

人们没有实现目标的一个关键原因是他们自认为的目标其实不是目标。在上一章我们探讨过，一个真正的目标需要同时具备五个特征：具体的、可衡量的、可达到的、相关的和基于时间的。只有这样，目标才能充当你所要集中的能量的容器。例如：

- 如果你的目标不具体，那么无论你消耗多少能量，都无法进入正轨。
- 假设你有一个具体的目标，例如拥有一个投资理财组合或写一本书，但你的目标是无法衡量的，比如投资理财组合价值高达 600 美元或写一本关于在锯齿状山脉远足的书，你的能量又将被集中在哪里呢？
- 如果满足了上述两个条件，但你的目标是不可行的，那么你就是在为沮丧情绪创造条件，就像是在浪费能量。
- 如果目标虽然可以实现，但由于你尚未确定其背后的人生意愿，因此这个目标和你并不相关或者对你而言没有意义，那么当你感受到物理空间的阻力时，就会放弃目标。它会像气球一样飞离你，因为它没有跟对你而言很重要的东西拴在一起。
- 如果以上所有条件都满足，但没有指定时间，整个规划可能会一直持续下去，同时会带走大量能量。

因此，创造一个真正的目标，你就拥有了一个能够容纳你所有宝贵能量的容器。

B. 寻找身边丰富的人际关系

人与人之间是相互关联的，当以组织网络的形式运作时，我们会变得更加强大，成功人士深知这一点。即便在当下，你一定知道有那么一些人，如果你在自己的游戏中寻求他们的支持，他们会很乐意帮忙，这或许还会激励他们为他们自己的目标寻求支持。请至少找出两个人。当你寻求他们的帮助时，做一些让他们更容易帮助到你的事情：展示你的心猿症状清单，让他们知道当你深陷需要跨越的边界困难时，经常出现在你面前的是哪些困难。

请跟这一支持系统里的人对话，讨论那些在你即将放弃目标或梦想之前出现的想法，越具体越好。你希望给他们一次成功支持你的经历；你不希望他们被你内心那些自我限制的雄辩论点说服。请允许他们进入你识别和观察心猿症状的对话，只有这样你才可以将注意力重新集中在游戏上。

培养支持系统的想法来自电影《新科学怪人》（*Young Frankenstein*）。吉恩·怀尔德(Gene Wilder)饰演的法兰克斯坦博士即将进入一个黑暗的地牢，面对并"驯服"他刚刚创造的怪物。他告诉克劳斯·利特曼(Cloris Leachman)饰演的布吕歇尔夫人，在他完成这项任务之前，无论他怎么恳求，都不要让他离开地牢。果不其然，他进去后看到了怪物，转身敲打门请求布吕歇尔夫人让他出去。但布吕歇尔夫人已经作好了准备，一直把门关着。法兰克斯坦博士没有办法，只能转身面对怪物，尝试和它建立友好的关系。

你可能不会遇到如此戏剧性的情况，但你仍然需要寻找那些将会帮助你跨越边界,并在你追求目标的时候确保你身处正确轨道的人。请记住,允许某人支持你实际上也是给了这个人一份礼物。

C. 让你的品格标准触手可及

与追求目标同等重要的是彰显自己在此过程中愿意展现出来的特定品质或属性。这一点,再加上具体说明的人生意愿,会将游戏的本体论维度凸显出来。当你专注于本体论结论时,你就能接触到自己内心永恒的一面,它将超越你心理上的疑虑和担忧。

D. 记得表示愿意

表示愿意是一种无论心猿怎么说,你都能对旅程说"没问题"的能力。当你表示愿意时,你就会变得开放且灵活。当你开启旅程,遇上物理空间的高密度性、非恒定性和不可预测性的时候,灵活是你可以拥有的最重要的特征之一。如果你对游戏的态度是固化的,那么就会在边界上感到气馁。请记住,物理空间的显著特征之一就是几乎没有任何事情会完全按计划发展。结果通常会更好(就像我的会议演讲那样),并且它总是能够让你得到如何掌控境遇的教训,而这些教训只有你心态灵活才能学到。

第二个阶段:升空

在这一阶段,想象空间的高能量与物理空间的旋涡和高密度相遇。想象一下火箭飞船，它在旅程的开端燃烧了大部分燃料。对我们来说，这种燃料包括金钱、时间、精力、创造力、愉悦（以欣赏和活在当下的形式）和人际关系。

在升空的过程中，那些出色的想法和美好的旅行计划将遇到障碍。在这种情况下，火箭飞船一定会储备充足的燃料以支持升空。和火箭飞船的升空过程不同，我们允许那些可能会出现的事情正常发生。这时，我们所要做的是观察和学习，而不是控制。实际上，火箭也是这样的，它的传感器总是根据大气、风况、温度等进行实时修正。升空从来都不是一条直线，虽然从地面仰视的人看起来是如此。

障碍往往让人感到受挫和困扰。尽管如此，障碍仍然是英雄之旅的一部分。如果没有障碍，那就没有必要学习掌控能量。没有障碍就没有成长，没有成长就没有英雄之路。

在升空的过程中，在想象空间和物理空间的边界处，我们所需要的能量高于旅程中的其他任何环节。无论是推出新产品、导演电影、开咖啡馆、打网球还是学习语言，这些活动总是需要比我们预计中更多的能量——比如金钱、时间和精力。

同时，心猿还总是在边界处出现。它会给我们提供非常令人信服的理由，告诉我们为什么要停止、回头或放弃这一新事业。旧的突触传递过程被激活，接着我们会感到缺乏信息或恐惧。对一些人来说，这种感觉就像是又变成了缺乏经验的孩子一样。心猿很狡诈,它专门演奏那些我们会随之起舞的曲子,它的声音很有说服力。

以下是为你的升空体验带来从容的方案:

A. 在边界处,越小越好

许多人都想一下子就进入升空阶段。为了快速通过这个阶段,我们会想要去承诺很大的结果,问题是我们的结局就会像被撞死在挡风玻璃上的虫子一样。

我们来看另一个比喻。从高处跳入水中的人不会死于溺水,因为如果你以高速撞击水面,那你就不会下沉太深。当速度足够快时,你入水的时候可能和撞到坚固的混凝土上都差不多了。当然,这只是一个形象的例子,用来说明为什么在升空阶段要放慢速度。请注意,即便是火箭飞船,在刚开始的时候也只是上升了几英尺。

我们来进一步探讨入水的例子。如果你想从容入水,就得一步一步来。以每小时 1 英里①的速度入水显然好过以每小时 80 英里②的速度入水,因为你遇到的自然阻力会小得多。这是从容起了作用。如果你在一开始是一小步一小步地来,而不是进行夸张的跳水,或许不会产生惊艳的效果,但实际上你会更快入水。

格兰特的例子就很好地说明了这一原则。他在比较短

---

① 每小时 1 英里大约为每小时 1.61 千米。——译者注
② 每小时 80 英里大约为每小时 128.75 千米。——译者注

的时间内很成功地开拓了自己的培训业务。我让他和培训学校的一些学生谈谈自己是如何做到的,以下是他分享的内容。

"在刚开始拓展培训业务时,我想跟自己的教练承诺,我每天会给潜在客户打 20 通电话。不过,我的教练认为,我能保证每天打 5 通电话就可以了。之后他进一步希望我能连续 1 个月每天坚持打这 5 通电话,不多不少就只打这 5 通电话。我答应了并坚持了下来。事实上,这么做花费的精力比我想象中的要多。"

这正是游戏的升空阶段会发生的事情:你消耗的能量比自己想象中的要多得多。因此,刚开始追求小的结果是种很好的策略。实际上,虽然这些结果可能看起来小,但产生它们所需要的能量却并不小。你可以参考这个比例:在升空阶段,你为收获一个单位的结果可能需要投入十个单位的能量。在某些情况下,这还是保守估计。精通商业的人会知道,如果不考虑清楚升空阶段的消耗,项目很可能会超出预算。最重要的是,这几乎总是比你想象中的要消耗更多的能量。

罗伯特·莫勒(Robert Maurer)在他的《一小步改变你的生活》(*One Small Step Can Change Your Life*)一书中反思了为什么我们需要看似不起眼的改变。[1] 日本有一个词来形容这种改变:Kaizen(改善哲学)。其背后的原理是,小而稳定持续的行动会产生最持久的结果。这是一个由质量提升大师威廉·爱德华兹·戴明（W. Edwards Deming）带去的概念。通过把改善哲学付诸实践，日本得以相对较快地在二战后重建经济。人们找到了一些小而稳定持续的方法来为他们的工作带来成就和效率，企业很快得到了飞速发展。

在个人层面上，这种稳定性有助于大脑建立新的神经通路。此外，这些小的改变会绕过我们大脑的杏仁核部分。大脑杏仁核往往在我们想要偏离通常的安全路线时就会被激活。绕过杏仁核，心猿尖叫、上蹿下跳以及疯狂打手势的机会就会变少了。

B. 只做眼前事

在升空阶段我们会有强烈的愿望想要一心多用。由于在游戏的这个阶段所需要的能量非常大，因此跳到另一项任务上就变得十分诱惑。

心猿可能会低声对我们说："除了当下正在做的这件事情，你可以甚至应该去做许多其他的事情。"心猿可能会建议我们换一个值得一玩的新游戏。毕竟，想象空间所带来的兴奋比单调地一步一步实现目标要更有吸引力。

也许你能在伊莉斯的故事里找到共鸣："之前我想写一本和营养相关的儿童读物。这个想法不错，接着我进入了升空阶段。我把对高能量的需求误认为是我不应该写那本书的信号，所以我决定转而为我的教堂创建一个儿童成长计划。但后来由于这个计划牵涉很多组织运营和寻找志愿者方面的工作,因此想要推进它也变得十分困难。这时另一个想法又吸引了我的注意力:为失去家庭成员的儿童创建一个'被子项目',但之后我又停下来开始考虑其他项目。我似乎总在想法之间不断切换。我撞进升空阶段,又被打了回去。"

通过升空阶段的唯一途径就是真正去经历它。请记住,游戏也同时塑造了你。对你的英雄之路而言,游戏的内容并不重要,重要的是你开始追求某个事物。只有这样你才能知道如何发现真正的自己,以及如何将清晰、专注、从容和感恩带入你的道路。伊莉斯只有在选择了自己的一个想法并直到把它完成时才能体验成功。

C. 承诺结果而不是承诺努力

当身处边界时,我们很容易对要付出的努力作出承诺,例如会在特定活动上花费多少时间,而不是承诺该活动会产生什么结果。让我们来看一下亚历克斯的例子,他就是用这个原则来开展自己的培训业务的。

"在我刚开始开展培训业务的时候,我记得自己曾向教练承诺每天花 3 个小时打电话给潜在客户以获取宣讲机会。我是在以时间的形式承诺努力,而不是承诺结果。这让我开始思考,为什么在忙碌的一天结束时,我没有任何成就感。然后我决定承诺每天和个人、团体或组织建立 3 个有希望的培训业务联系。物理空间中有形的事情,无论多么小,都让我觉得自己正在努力克服那些不可避免的障碍。

有时候我花 1 个小时就能联系上 3 个有希望的业务，而有时候甚至需要 4 个小时，这里的关键在于，我承诺在一天结束前会完成一些事情。"

结果是具体且可衡量的事情。比如，制订一个每天联系 3 个人的计划并不是一个真正可衡量的结果。列出联系的对象固然有用，但只有与他人进行实际的联系本身才是可衡量的结果。先有蛋糕食谱，然后也要有真正烤好的蛋糕。

指出自己已经做成的某件实实在在的事情，对于让自己获得成就感而言是至关重要的。这将成为你不断前进的道路上的路基。将关注点放在结果而非努力上能给你带来从容，并且让你免受不必要的困扰。

D. 带上真正的自我

本体论结论在边界上至关重要。它们是你强大的盟友，会呼唤你的英雄之心，让你保持自我。心猿的声音会一直呼唤你并激活一种自然倾向，这种倾向让你怀疑自我或自己创造的游戏。然而，一旦你把关注点转移到本体论结论上，你就会开始为其收集证据。你是一个英雄，你会有力地展现这一点。

在你向自己提出本体论问题的时候，你就开始关注本体论结论了。以下是一些和前面章节中提到的类似的本体论问题。当你止步不前、心猿发出劝你放弃的声音时，请花一点时间专注于你对其中至少一个问题的回答，并且体验一下视角的转变。

- 我正在经历的事情能对他人的生活有什么贡献？

- 我在迷雾里的什么位置行驶？

- 是什么原因让我把这件事情弄得更麻烦的？

- 此刻我所感恩的是什么？

- 是时候打电话给那些说会支持我的人了吗？

- 这里正在出现什么？

- 我在这里能得到什么教训？这些教训将如何帮助我成长？

- 我正在发现自己的哪些长处和能力？

- 我怎样才能从容地做下一件摆在我面前的事情？

- 看看你的一个或多个品格标准，问问自己：勇敢的（有智慧的、有创造力的）人会如何处理这种情况？

- 无论我想不想，我接下来愿意做什么？

E. 在边界处，对即使是最小的结果也表示认可

最后，当你身处边界时，找一些你想要认可的事情。你正处于创造力汇聚的地方。在这里，生活呈现出鲜艳的红色、黄色、绿色和蓝色。你不再坐着不动，把梦想锁在脑海里。你正在运用能量把梦想带入现实，每一步都值得被欣赏和品味。

当你认可一件事情时，是在赋予其生命，因为你许可了它的存在。你是在说："它就是这样的。"这可能看起来微不足道，但事实并非如此。我们中的许多人匆忙度日，忙着产出结果，但是却贬低这些结果的价值，因为它们还不够大。

我经常在作讲座和开展培训业务时看到这一现象。不知道为什么我们会认为衡量成功要看数量而非质量。好在我们现在知道了，通往明朗之境的唯一途径就是带着清晰、专注、从容和感恩去做你承诺要做的事情。

认可最小的结果，你就会将这四种品质带入你的体验中。你会开始看到自己的游戏正在进行。让我来给你举个例子。

杰瑞参加了我在俄勒冈州南部主持的讲座。他谈到，5年来他一直想写一部悬疑小说，但是因为写作时有灵感障碍，所以还没为写作付出任何行动。我没有去问他灵感障碍的证据，因为我知道关于证据他已经积攒了5年了。我转而跟他进行了如下交流：

我：假设你明晚出现在这里，手上拿着你已经完成了的一页小说，当你给我们读这一页的时候你会有灵感障碍吗？

杰瑞：我的确有灵感障碍。

我：没错，但如果你明晚要在这里给我们读一页，在那一刻你会有你所谓的灵感障碍吗？

杰瑞：（停顿）不，我不会。

我：所以说，如果你读上这一页的话，是不是就可以说你克服了这个灵感障碍？

杰瑞：按照你这个逻辑，我想是可以这么说。

我：那你愿意写一页然后明天读给我们听吗？

杰瑞：愿意，但这件事情太小了，一页算不上是书。

我：无论如何，你愿意这么做吗？

杰瑞：是的，我愿意。

第二天，杰瑞带着他写的一页小说出现在讲座上，读给在场的 80 个人听。故事发生在路易斯安那州一片黑暗的沼泽地，主人公偶然发现了一个古老的地窖，西班牙苔藓垂挂在门上，门上写着首字母缩写。每个人都听得如痴如醉。大家为杰瑞欢呼，认可他的勇气。

我问杰瑞那天晚上有没有灵感障碍。我想你应该也知道了答案。那一刻，他把他那些理由换成了成果。

我不知道杰瑞现在是否完成了他的书，但我知道那天晚上他勇敢地为自己的梦想展现了自己。直到今天，当我被心猿引诱考虑放弃写作时，杰瑞的故事还是会激励我。

在我和客户进行关于写作的培训对话时，我有时需要把承诺削减为每天一段。不管是什么，我们总可以在边界处找到值得的东西去认可，即使它很小——尤其是当它很小的时候！

第三个阶段：惯性

想象一下火箭飞船已经摆脱了物理空间的初始阻力，现在它正以更快的速度飞行，能量输入与结果产出的比例大约是 1：1。

这时你可以松一口气了，因为游戏开始成形了。这一阶段可能看起来会像以下这些例子所展示的样子：

- 你每天坚持步行 3 英里①，为沿着俄勒冈州罗格河远足 20 英里②作准备。
- 你在社区的演讲经常为你的培训业务带来至少一两个新的客户。
- 你为自己的夏威夷之行每个月存 200 美元。
- 一天写 3 页小说？没问题！

你已经成功跨过了需要跨越的边界困难，正体会到更多的从容，并且完全投入游戏之中。你还有什么不满意的呢？

不管你信不信，许多人自始至终都没能跨过游戏的这个节点。那是因为在惯性阶段，你所拥有的控制能量的能力会达到一个新的高度。由于你可以更从容地产生结果，因此你可能会开始过度承诺自己可以做的事情，会出现一种过早提高标准的趋势。亚历克斯的故事就能说明这一点。

"我在图书馆和专业午餐会上进行演讲，又在当地电台接受了一些采访，之后打给我的电话就一通接着一通。很快，我的业务迅速增长到每周 20 个客户。我兴奋极了！但

---

① 3 英里大约为 4.83 千米。——译者注
② 20 英里大约为 32.19 千米。——译者注

我没有停留片刻,也没有享受成功带来的新鲜空气,而是立刻想要上一个台阶。我开始寻找通过电话来开展团体培训业务的方法。别误会我的意思,通过电话开展培训业务很棒,只是当时我没有给自己时间休息或进行沉淀。我变得很忙,因为我有了通过电话开展团体培训业务的新项目,并且这是一个处于升空阶段的项目。我知道自己没有把全部的注意力给予每一个参与其中的人。然后我得了流感,我想是因为我被工作透支了。"

惯性阶段的挑战在于如何带着清晰、专注、从容和感恩去信守承诺。在升空阶段,你已经投入了大量能量。你在惯性阶段获得的结果可能会让你对自己的能力产生错误的认识,并误导你过快地挑战极限,这样做只会让你精疲力尽。在剩余的阶段,请放稳自己的步调。

以下内容是在惯性阶段需要记住的:

- 享受结果,品味结果的芬芳!

- 继续给你的支持团队授权并让他们了解你的情况。如果你试图"一口吃成胖子",请告诉他们。

- 如果你的游戏涉及自己的职业发展,请记住,成功的人会始终如一地通过兑现承诺来建立自己的声誉。

- 在这个时间节点引入新项目要三思。如果新项目会影响你当前的游戏,那你可能还不想被推入另一个升空阶段。

- 随时回顾你的品格标准，它们能帮助你放稳自己的步调。我并不是说你必须拒绝新的机会，只是希望你确保自己仍然对当前的游戏保持足够的注意力。

第四个阶段：稳定

火箭飞船已经发射升空。它已经获得了惯性，处于轨道运行模式。这一阶段可能看起来像这样：

- 你不再需要打电话给其他人来安排演讲活动，他们会打给你。
- 你的客户群已经发展到一定规模，以至于凭借客户的推荐你就会收到很多培训邀约。
- 书稿即将完成，只剩一章了。
- 你小心翼翼地照顾冥想花园，在那里，植物茁壮成长，喷泉汩汩流淌。
- 你一直在规律地坚持训练，距离你的第一个半程马拉松比赛只剩下两周时间了。
- 你的精品巧克力蛋糕线上业务有稳定的客户流。

这是一个让你感到非常满足和喜悦的阶段。你付出的所有勤奋和坚持都让你的梦想开花结果，不过关于如何继续从容地玩游戏，我们还有更多东西需要学习。

为什么？因为随着稳定性一同出现的还有熵增。简单来说，熵增就是某个系统随着时间的推移逐渐失去能量，从而变得无序。这也是从另一个角度来看待非恒定性。在熵增的影响下，火箭在轨道上运行时会伴随着少量能量的损失，尽管损失可能非常小，但如果不及时进行修正，火箭最终可能会减速到无法继续在轨道上飞行的程度。

稳定性要求你对熵增保持警惕，我自己的故事就是一个例子。那个时候，我开始发展私人心理疗法业务，我会随时随地谈论拥有一个心理治疗师的好处。当潜在客户打来电话时，我会在 3 个小时内为他们完成预约。在整个惯性阶段，我采用的都是这种快速反应模式，那时我每周都会见 25 个人和 2 个团体。

然后发生了一些事情，我分心了——这在大多数游戏里都不是件好事！当客户打来电话时，我会等 24～48 个小时再回复他们。到那时，有些人就已经找到其他心理治疗师了。我会对自己说没关系，因为总会有更多人打来电话，就跟以前一样。

这一切看上去都很顺利，直到某个周一早上我查看了那一周的日历。我看到预约的心理治疗工作只有 12 个小时，而且没有新客户。这意味着火箭已经进入了大气层要准备坠毁了。

任何单独的一次分心并不意味着什么，但却可能建立起一种模式。紧接着的是能量的缓慢泄漏，然后又回到升空阶段。我不得不沿原路返回，开始四处打电话以开展进一步的演讲并结识新朋友。两个月后，我又回到了熵增之前的起点,但这并不是对能量最有效、最从容的利用方式。

同时,即使是在稳定阶段,心猿也会一如既往地喋喋不休。它会告诉你几天没给新花园浇水是没关系的。它会给你绝佳的理由让你变得自满,或是在你的胜利光环中再多休息一会儿。这就是我在放弃一个又一个新客户时所听从的声音。

将从容带入稳定阶段的关键点是:

- 寻找能量泄漏。想一想,你是否在健身时偷懒、未能及时回复电话或者有其他一些情况。
- 只有在保证不会影响游戏质量的情况下,你才能在你所做的事情中走捷径。
- 是时候检查你的工作质量了。例如,如果你主持讲座,请确保你的材料是最新的。
- 回顾你的人生意愿和品格标准,请确保自己还处于正轨。

在稳定阶段,我们要么实现了目标,要么发现自己又回到了升空阶段。在这个阶段,我们赛跑、作画、创立蓬勃发展的企业、完成电影剧本,或者再次从头开始。这是一个我们要么说"我做到了",要么说"我为什么不那样做"的阶段。

遵循上述准则,第一种情况就会发生。

稳定阶段之后是什么?这里需要进行选择:我们可以把当下的游戏提升到一个新的高度,也可以选择其他值得一玩的游戏和值得追求的目标。即使这是个令人愉快的选择，但也可能令人生畏。这是因为我们会在稳定阶段感到舒适，我们会体验到一种掌控感，而新的游戏高度或新的游戏会让我们再次面对未知。又是心猿出现的时候了。放弃我们迄今为止做事的方法可能感觉不太好，但这也可能成为一件好事。事实上，它可以成为一种突破。

第五个阶段：突破

"你是绿色的、正在生长的，还是成熟的、正在腐烂的？"麦当劳公司创始人雷·克拉克（Ray Kroc）的这句话巧妙地总结了我们不断创新和创造生活的需要。

珍妮特是一位聪明又充满活力的企业主。她一直期待着退休。她希望不久以后等她退休的时候，她可以去大学完成学校管理的学士学位。问题是珍妮特的企业至少还需要她再工作 2 年。她的计划受到了阻碍，她认为这意味着她的梦想需要被推迟。

其实未必。突破阶段需要你放弃迄今为止的生活方式。对于珍妮特来说，这意味着需要改进"完成一件事情然后继续下一个"的这种清晰的计划，意味着她可以打电话给当地的州立大学咨询在职获得学位的方法（例如在线函授）。珍妮特需要创新并创造性地对待梦想，而非把梦想推迟。

有句老话说："东西没坏就别修。"很多情况下确实如此。然而，要想体验突破，某种意义上的拆除是必要的。无论东西是如何"没有坏"，仅仅保持现状总是无聊的。这不会激发你的潜力、激活你的热情，也不会让你更接近自己的梦想。这并不是一个抵达明朗之境的方法，对吗？

在突破阶段的入口处，请问自己以下问题：

- 看看我的人生意愿，有没有哪个是我非常想实现的，但考虑到自己目前的生活不太可能做到的？

- 假设有一个"确信程度仪表盘"，10 代表"十分确定"，1 代表"完全不确定"，那么我有多确定，当下关于这一人生意愿我什么也做不了？

- 我可能需要放弃哪些关于"它必须看起来如何"的结论和证据？

- 我是否愿意与我的支持者们讨论建立一个有关这个人生意愿的小而美的目标？

- 我是否愿意把关注的焦点从保持舒适转移到再次激活？

当你开始问自己这些问题时，你就让自己跳出了一贯的自我审视的方式。你在用清晰而充满希望的眼光看待自己和生活。此刻，你有可能实现突破。

这种突破是一个全新的或者改进了的值得一玩的游戏。当你有了值得一玩的游戏和值得追求的目标时会怎么做？没错，回到创造阶段并再次开始。这个循环贯穿我们的一生，这是活在明朗之境中。

物理空间的高密度性、非恒定性和不可预测性——这些构成游戏的要素要求我们忠于自己的人生意愿和目标，但同时也告诉我们对待计划不要过于谨慎。如果没有领悟到这一点，那天我可能永远不会穿着绿色运动服走上希尔顿黑德的演讲台，并且我可能永远不会写这本书。

第十一章

整合归一

通过每天去做对你而言最重要的事情来保持自洽。

当一个人真正的力量在增长、知识面在扩大时，他所能遵循的道路却在减少，直到最后什么选择也没有，只是去投身于必须做的事情当中。

——厄休拉·勒古恩(Ursula K. LeGuin)

作家厄休拉·勒古恩曾说，当一个人的力量增长了，他实际上所作出的选择反而更少。这有什么值得欣喜的呢？难道我们不是都想要更多而不是更少的选择吗？我猜勒古恩想说的是，当我们更加有意识地在英雄之路上前行时，会变得对不自洽更加敏感。这一章让我们来探索当你渐入明朗之境时，你的道路如何也变得越来越灿烂。

当你意识到明朗之境的存在时，你会开始自动将指引你接近明朗之境的路和让你远离明朗之境的路区分开。随着雾气消散，你会看清自己位于哪条路上。必要时你可以快速、轻松地进行自我修正,避免浪费大量精力。你没有什么需要选择的,因为你已经选择了知识和力量的道路。

以下这个场景进一步描述了我想说的意思,我们每个人可能都有过类似的经历:

你走在街上,想着自己的事。经过一个报亭,它的门开着,里面放着报纸。你弯下腰,拿了一份报纸,然后就走开了,故意没有付钱。

当你读到这里的时候,你的心猿可能会上蹿下跳地说:"我绝对不会做这样的事!"如果是这样的话,那就选一件你做过的和这个场景类似的事情。

让我们继续。当你离开报摊的时候,发生了一些不寻常的事情。仿佛有一只大手在操纵你明朗之境的控制盘,你每走一步,它就把亮度调低。它就像一个控制你生命亮度的变阻器。颜色、触感和气味失去了它们的鲜活。与此同时,你的心智开始变得狭隘,因为不管你喜不喜欢,你都无法停止思考自己刚刚做了什么。此外,远方地平线上涌现的可能性和希望都越来越少。一切安好的感觉就像落日最后的金色光芒一般消失了。

当那只想象的手调低明朗程度时,心猿的声音就变大了。随着周围的光线逐渐暗淡,你可以越来越清楚地听到心猿的声音。它听起来是这样的:"我拿一份免费报纸理所应当,毕竟我挣钱那么辛苦,而且我拿报纸一直都是付钱的,是时候免费送我一份了。还有,如今的报纸上没有任何有趣的东西,况且那些报纸公司都是超级财团,根本不缺我这点钱。说到钱,我的老板甚至还没有考虑过给我升职……我还听说今年没有奖金……还有……"

你朝办公室走去,脑子里从一种心猿的想法跳到另一种。它们都让你感到不是特别舒服,它们都似曾相识。从这开始,你就能预测到自己将度过怎样的一天。你平时对同事的微笑可能不复存在,每周一次的员工会议可能会有一个不愉快的开始。你开始把注意力集中到"我没有得到我应得的"这一结论上,你的大脑会为你收集适当的证据,而你则成为这些证据的投射——沮丧,逃避甚至愤世嫉俗。

明朗之境消退,心猿变强,这个此消彼长的定律对我们的日常生活影响深远。当我们越发偏离轨道时,我们的慷慨精神就会给抱怨让位。这是一种失控的情况,清晰、专注、从容和感恩逐渐消失。

心猿的喋喋不休开始变得刺耳和固执,但原因不是你在目标或项目上遇到了边界困难,那很有可能是因为你正在经历不自洽。当我们采取的行动与我们英雄之心中的自我不一致时,这种不适的状态就会出现。不自洽与从容是完全不相容的。

回到拿报纸的场景。假设你更加熟悉明朗之境的控制盘,可以更快地注意到变化,那么当你从报亭拿起那份报纸而没有付钱时,会立刻意识到黑暗正在悄悄降临。正因为在此之前你正感受着善意和包容,你会很容易察觉出这种变化。也正因为你很快就察觉到了心猿的存在,当它开始它的固有动作时,你就会问:"我在做什么?"

这个问题会促使你回去,付完钱,关上报亭的门。控制盘上的大手会立刻把明朗程度调回到你拿走报纸之前的位置。你从一种不自洽的状态进入一种解脱的状态,警铃也不再响起。请注意,采取行动总是必要的,这是从想象空间到物理空间的必经之路。仅仅对自己说"我再也不会那样做了"是行不通的,你必须回去做点什么来扭转局面。

自洽是通向明朗之境的大门;
不自洽则是用力将门关上

根据《因卡塔词典》,"自洽"一词的意思是"逻辑上或美学上的一致,将所有独立的部分结合在一起,形成一个和谐或可信的整体"。自洽的同义词包括明朗和统一,这都与明朗之境相关。

自洽是我们可以运用的一项原则,它指引我们走向明朗之境。它为我们提供了一种方法,让我们的日常行为与自己认为重要的事情保持一致。它帮助我们形成并提升个人幸福感,也帮助我们在面对棘手问题和变化时保持韧性。很明显,自洽促进了我们所追求的从容的形成。

自洽原则是这样起作用的:不论你是否意识到了,我们都有一个内在的指导体系,它由对我们而言很重要的价值观组成。如果你完成了之前提到的方法，那你应该已经知道了对你而言有意义的两个清晰指标：你的人生意愿和品格标准。我们知道，它们存在于想象空间中，无论你走到哪里都不会与你分离。它们在你的本体论层面反映出来，在你的英雄之心里，而不是在心理层面上。这一特性让它们能够独立于你不断变化的想法和感受，同时让它们能够组成一个强大的内部指导体系，并且不受物理空间的旋涡的影响。

在物理空间中，我们一直处于行动之中。有时我们的行动是专注的，有时则不然。当行为产生了反映我们人生意愿和品格标准的结果时，我们会立即体会到和谐、意义、满足与自我实现，我们会感受到自洽与从容。这是因为一切都在汇聚，我们内在真正的自我和我们外在的表现是一致的。善与美被呈现，映射出正直和完整。在自洽出现的时刻，我们会看到可能性和期许，并且知道一切安好。

让我来进一步解释我的意思。几年前，我的叔叔阿诺德即将迎来 80 岁生日。姨妈格洛里亚和我坐在她家厨房里那张色彩鲜艳的桌子旁商量这件事。距离叔叔 80 岁生日只剩两个月了，姨妈担心她自己没法给阿诺德叔叔举办生日聚会。因为她已经 76 岁了，并且仍在全职给学生授课，工作很紧张——这是她对生活的热爱。

由于我的人生意愿之一是"成为一个有爱的侄女"，因此我想到了一个主意：姨妈会让我为阿诺德叔叔举办生日聚会吗？姨妈表示赞成并如释重负。

我的两个品格标准是"富有同理心"和"具有创造力"。我问自己：一个富有同理心、具有创造力的人会如何安排这次聚会？于是，我先采访了我的叔叔，我想知道他想要什么样的聚会。如果我要为他人做些什么，富有同理心是很重要的。换句话说，我应该办一个叔叔想要的生日聚会，而不是我自己想要的生日聚会。阿诺德叔叔是个认真内向的人，他想让二三十个朋友在他生日那天（星期六）下午2:30～5:30之间到他家里来。了解了阿诺德叔叔的特定要求之后，我便有了一个值得付出的目标。

阿诺德叔叔的儿子们也从全国各地乘飞机赶来。全家人一起配合，准备了他最喜欢的酒和食物，有布里奶酪和牛肉串，还有你能想象到的十分美味的奶油蛋糕。蓝色的花瓶里插着红玫瑰和黄色毛莨花。那是一个阳光明媚的春日午后，下午2:30，前门传来敲门声。阿诺德叔叔去开门。

我站在他身后几米远的地方。我能看见他，看见我们装饰过的房子，看见他朝那扇深色橡木门走去。打开门，他看到四位老友齐声欢呼道："生日快乐，阿诺德！"我叔叔做了件我以前从没见他做过的事情——仰面朝天，展露出由衷幸福的笑容。

那一刻，我的内心充满了温暖，为自己能为这件事情出力而心怀感激，并且意识到，生活不可能比这更好了！那种感觉是自洽，是明朗体验。在那一刻，内在的我和外在的我所做的一切在和谐、意义、满足与自我实现中达成一致。我做了我来这里要做的事情。

现在让我们考虑另一种情况。你仍然有人生意愿和品格标准，仍然采取行动，但是这次，行为产生了与你的人生意愿和品格标准相违背的结果。如果不采取任何改变措施，你就会变得沮丧、逃避甚至愤世嫉俗。这些都是不自洽的表征。我就经历过这种不自洽的情况，也是和阿诺德叔叔一起的事情。

在作进一步讨论之前，让我们更仔细地观察一下沮丧、逃避和愤世嫉俗。它们是明朗之境的障碍，为之消耗的能量本可用来帮助我们向目标前进，或者促成我们心中蓄势待发的改变。沮丧、逃避和愤世嫉俗的出现似乎遵循一定顺序。也就是说，当不自洽出现时，你首先会感到沮丧。如果你不采取行动来调整这种情况，沮丧就会转变为逃避。最后，随着不自洽日益加剧，愤世嫉俗就会出现。

沮丧是一种由于目标受挫而产生的失望、恼怒或厌倦的感受。它伴随着愤怒、烦躁和不安这些真正消耗精力的东西。人们声称当自己感到沮丧时，能量可能会很高，但很快就自行消散了。

逃避与放弃联系在一起，比如放弃希望。当你逃避一个项目或一个目标时，你就放弃了它。无论现在或将来，对于为什么它无法被实现，你都会有一大堆理由。你开始有点像《小熊维尼》(Winnie the Pooh)里那头忧郁的蓝灰色驴子屹耳:"别白费力气了,没用的。"当你逃避的时候,你的能量比沮丧的时候低,因为你把能量用盖子盖住了。没有创造力,也没有创新思考的空间,尽管这些正是你此时真正需要的。

愤世嫉俗与悲观、怀疑、不信任、蔑视和轻视联系在一起。和沮丧时的高能量与逃避时的低能量相比,愤世嫉俗呈现的是一种冰冷的存在。它就像寒冷黑暗的外太空,对你的内心没有什么好处。当愤世嫉俗出现时,你不仅放弃了一个想法、梦想、计划、目标或愿景,还在抵触它在现在或将来出现的可能性,你可能会开始想办法让这个事情不要发生。

我曾在一些人的脸上看到过愤世嫉俗,这些人包括董事会会议中的高管,医院走廊里的护士,以及研讨会上的心理治疗师。我们都熟悉愤世嫉俗消耗能量且顽固不化的特质。毫无疑问,愤世嫉俗排除了我们走向明朗之境的可能性。

现在回到我要介绍的故事上,故事还是关于阿诺德叔叔的。这绝不是一个让我感到骄傲的故事,但它作为一个清晰的例子,能说明事情是如何变得糟糕以及要如何去解决。

大约在阿诺德叔叔生日聚会的一年前,我们在亚特兰大举办了一次家庭聚会。那是犹太教成人礼的前一晚,晚上 11 点,我们大约 30 个人坐在一家酒店的接待套房里。

我刚从加州来,当时正在和阿诺德叔叔以及其他三个家庭成员谈论一桩我即将完成的生意。阿诺德叔叔是一位律师,一直很关心我,他对拟议合同里的一项条款表示了担忧。

作为回应,我听到自己大声地对他说:"阿诺德叔叔,我希望你不要再把我当小孩看待了!"

大家一阵沉默,在场的四个人都看着我。你知道那种只想躲起来的感觉吗?我当时就是那种感觉。我嘴里嘟囔着累了,离开了他们,回到自己的房间。

离开接待套房后每走一步我的心情都更加沉重。与此同时,我听到心猿在为我的所作所为进行合理的解释。我感到很沮丧,我告诉自己:"他不理解我的事情。"接下来就到了逃避阶段,我消极地想:"他永远不会改变对我的看法。"当我回到自己的房间时,我明显地感觉到,那就是一种不自洽。

我知道自己的人生意愿和品格标准,它们绝对不包括"成为一个对我的叔叔阿诺德大喊大叫的人"。然后我知道了自己需要去做什么。

在适度休整后的第二天早上,我看见阿诺德叔叔和另外三个人在餐厅排队吃早饭,我邀请他们跟我一起吃。落座后,我转向阿诺德叔叔说:"阿诺德叔叔,我想在大家面前向你道歉。我昨晚说的话很粗鲁,不能代表我有多爱你、有多重视你的意见。请原谅我。"

　　我感到如释重负，在场的每个人也都如此。秩序得到了重新建立，明朗之境的控制盘又回到了前一天晚上我说粗鲁的话之前的状态。当然，阿诺德叔叔说没有必要道歉。他很宽容大度，不过我看得出他很欣赏我的做法。我们一起吃了顿美餐。

　　纠正不自洽通常不需要投入太多精力。问题是，我们常常等待太久，等到心都开始溃烂了。当我们所经历的从沮丧、逃避再到愤世嫉俗时，我们会变得愈发痛苦。

　　有一个关于不自洽的好消息，体现在佩玛·丘卓（Pema Chödrön）的这句话中："你可以从任何事情中学到东西是有原因的——你有基本的智慧、智力和良知。"[1] 如果你没有人生意愿和品格标准，那么不论你的行为是否反映了它们都无关紧要，你并不会在乎，而事实上你十分在乎。你在有不自洽的行为后感受到沮丧、逃避以及愤世嫉俗，就证明了你英雄之心的美好本质。没有人能够脱离真实的自己。

　　当我们进行纠正时，事情总是会有好的结果吗？并非如此。不过也请你想一想：如何通过实践自洽原则，在自己的个人和职业生涯中取得50％的提升呢？

你、明朗之境和全息生活

　　在本章的开始，我们讨论了相对较小的行为对当下整体生活体验的影响。我们看到了诸如不付钱就拿走报纸这样简单的事情是如何：

- 立即营造出一种"暗淡化"的体验，在这种体验中，我们淡出自己的物理环境，感受恐惧的出现，听到心猿喋喋不休。

- 诱导我们专注于那些狭隘的、自私的、不会将我们引向明朗之境的结论。

- 给刚开始的一天定调，往好里说是：这天可能不如我们所想的那样顺利。

为了理解为何相对较小的行为也能带来如此迅速、深远的结果，一种方法是考虑一种可能性，即你的生活是全息的。

每个人都见过全息图。无论是在电影里，在信用卡上，还是在艺术画廊里，我们都会见到全息图。全息图是借助激光呈现的三维照片。全息图有一个特点：如果你把一棵树的全息底片切成小块，用激光穿过其中一块，你仍然可以看到整棵树。这是因为全息图的每一部分都包含着关于整体的信息。

根据迈克尔·坦博特（Michael Talbot）在他激动人心的著作《全息宇宙》（*The Holographic Universe*）中所说，全息图"每一部分都包含了整体"的性质为我们提供了一种理解组织和秩序的全新方式。[2] 这意味着对于明朗之境的控制盘效应，也可以用一种新的理解方式来说明，为什么一个小小的行为可以影响我们在那一刻的整体生活体验。换句话说，我们没有工作生活、个人生活、家庭生活和社交生活，我们有的只是生活。因此，当我们采取行动时，无论身在何处、在做何事，我们的整个生活都在那一刻受到影响。

三十多年前①，备受尊敬的物理学家戴维·玻姆（David Bohm）提出，我们生活在一个全息宇宙中，宇宙具有潜在的统一性和不可分割性，所有事物最终都会在一个无缝的网络中被连接起来。[3]他还建议我们思考自己生活的全息本质，无论是探究自己如何与万物联系在一起，还是探究如何全息地体验自己的个人生活。让我们进一步看看这对我们而言意味着什么。

全息图还有另一个特征，这一特征有助于阐明我们如何真正体验自己的生活，这个特征就是所谓的同时性。在全息图中，不仅每一块都是整体的一部分，作用于某一个部分的时候会改变整体，而且这种改变是瞬间完成的，不存在线性延迟。所有部分都不仅仅是局部连接在一起的，也就是说，全息图的各个部分之间没有空隙。玻姆认为，是人类创造了部分、空间和时间的概念，这是为了使物理空间有意义。对于我们进行值得一玩的游戏、实现值得追求的目标来说，树立这些概念确实是很有用的。

根据坦博特的说法，1982年巴黎大学的一个非同寻常的发现支持了同时性特征。[4]那里的一位物理学家发现，在

---

① 相对于原著出版时间而言。——译者注

某些情况下,无论相隔多远,电子等亚原子粒子能够即时相互交流。不管它们相距 10 英尺[1]还是 100 亿英里[2],每个粒子似乎总是"知道"另一个粒子在做什么。它们似乎并没有被空间分隔开来,而是在某种程度上仍然紧密相连。

如果我们把生活看作全息图,就会明白自己为什么会如此迅速地体验到自洽或不自洽的行动所产生的结果。事实上,我们在通往明朗之境的道路上越清醒,就越容易发现明朗是否存在或缺席。同时,我们会感觉到与明朗之境有关的转变与生活中的一切息息相关,而不仅限于特定的行为。

到目前为止,我们已经讨论了统一性和同时性。根据玻姆的说法,这两个特征由第三个特征结合起来:过去、现在和未来在时间维度上的塌缩。

这和明朗之境有何关系呢? 这需要结合你的生活来思考:

- 每个人都想知道自己的生活在未来会变成什么样子。
- 如果我们生活在一个全息图中,在线性意义上没有真正的未来,那么我们现在是如何生活的就是未来。
- 因此,如果我们想知道自己的生活会是怎样的,那么就要看看当下我们是如何生活的。我们需要关注自己的日常行为。这就是一切的结果。

---

[1] 10 英尺大约为 3.05 米。——译者注
[2] 100 亿英里大约为 161 亿千米。——译者注

从某种意义上来说,这种观点让人很不舒服。当我在讲座上谈到未来塌缩到现在的时候,大家的表情通常会十分凝重。我们习惯看到未来在自己面前充满希望地延展,愿意相信"最好的还在后头"。任何认为光明的未来只是幻觉的人都会感受到怀疑和恐惧。

与这种怀疑和恐惧相伴而来的,是我们对于永远无法改变自己生活的担忧。我们认为改变生活需要花费大量的时间和金钱。不管我们如何努力,需要改正的地方太多了,那何必开始呢?

全息图的原理给了我们希望,改变不在于未来,而在于现在。

- 如果你想改变生活,你只需要做很小的事情。因为每件事情都是相互关联的,小的行动会带来改变整体的结果。

- 如果你想让自己的整体生活都充满明朗之境的芬芳,你只需要学会清晰、专注、从容、感恩地去做眼前最小的事情。对于一项大的事业,以这种方式一步步推进,每个行动都会同时提高你生活各个方面的明朗指数。

- 你带着清晰、专注、从容、感恩所迈出的每一步都在当下给了你未来。

以上这些内容让我们止不住去回顾罗伯特·莫勒关于"改善哲学"的著作,即默默进行持续改变的艺术。[5] 我们每次迈出的小而美的一步不仅能逐步改变我们的生活，还能立即将我们的整体生活提升到新的水平。每当我们清晰、专注、从容、感恩地采取这些步骤时，生活的全息图就会发生整体转变。

特蕾莎修女有句名言很好地说明了这一点："重要的不是我们做了多少，而是我们在做的事情中投入了多少爱。重要的不是我们付出了多少，而是我们在付出中投入了多少爱。对上帝来说，没有什么是渺小的。"

获 得 自 洽

有了全息视角后，我们可以来看看如何持续地将自洽带入生活。自洽为明朗之境创造了环境。到目前为止非常清楚的是，不自洽和明朗之境是无法共存的。

方法一：获得释然

释然和快乐是有区别的。释然是你在不自洽的情形下恢复自洽时的感觉，例如回去为你的报纸付钱、向阿诺德叔叔道歉。我们通过观察自己做的那些令自身痛苦的事情，然后采取行动恢复自洽来获得释然。我们不再指责外界的东西，而是关注那些与自己的人生意愿和品格标准不符的行为所产生的后果。以下是一些不自洽的例子：

- 承诺给你的教会或精神信仰交什一税，却不去做。这可能与人生意愿"成为对自己所在社区有贡献的人"或"成为在精神层面持续发展的人"不一致。

- 忘记给朋友送卡片或礼物,与人生意愿"成为慷慨的朋友"不一致。

- 和一群人一起吃饭,却没有付自己该付的那部分账单,与"诚实的""慷慨的"或"友好的"等品格标准不一致。

- 私下里给那些为你工作的人塞钱,与人生意愿"成为财务成功的人"不一致。

- 从办公室拿一些便笺簿和笔之类的东西,与"值得信赖的"和"诚实的"等品格标准不一致。

- 在办公室说别人的闲话,与人生意愿"成为成功的团队成员"不一致,与"有慈悲心的"品格标准也不一致。

- 在被告知胆固醇水平很高之后,继续吃高脂肪的食物,与"成为身体强健的人"不一致。

- 在所得税上作假,与"成为财务成功的人"不一致。

- 对你的家庭成员大吼大叫,与"成为有爱的家庭成员"不一致。

- 在公园或野餐区乱扔垃圾,与"成为美的创造者"不一致。

- 在知道自己喝多了的情况下开车,与"值得信赖的"或"有智慧的"等品格标准不一致。

现在你明白了:不自洽总是和你所采取的行动有关,

其他人做什么或不做什么都无关紧要,我们所在意的是我们做的那些让我们痛苦的事情。为什么?因为无论我们多么想要将其合理化,或请心猿认证其合理性,不自洽都会消耗我们的精力,并且让我们远离值得一玩的游戏和值得追求的目标。

解决这种不自洽的办法很简单。当你经历沮丧、逃避或愤世嫉俗的时候,无论那是如何发生的,或是出现何种心猿症状,把你的人生意愿和品格标准拿出来看一看。问自己以下问题:

- 哪些人生意愿和品格标准会让我有所触动?如果衡量这些人生意愿和品格标准,哪些会显示出沮丧、逃避或愤世嫉俗的能量呢?

- 我现在是否愿意去看清楚,自己的哪些行为产生了与自己的人生意愿和品格标准不一致的结果?

- 一个有这些人生意愿和品格标准的人会如何恢复自洽呢?

- 为了恢复自洽,我愿意采取的第一个小而美的行动是什么?

在沮丧、逃避或愤世嫉俗的情绪全面爆发之前,你可能需要做以下事情。看看你与金钱、时间、精力、创造力、愉悦和人际关系这六种形式的能量的关系。记住每种能量的有效和无效使用方式,深呼吸,然后进行以下步骤:

- 观察你在运用这些能量时任何不自洽的行为方式。

例如,你是否花很多时间玩电脑游戏? 你是否一直熬夜到很晚,结果第二天早上就累得没力气进行锻炼? 只有你知道自己的不自洽存在于何处。

- 这些行为是否产生了与你的人生意愿和品格标准不一致的结果?

- 如果你看到了不自洽的存在,看看那些与你有相同的人生意愿和品格标准的人是如何收拾局面的。

- 鉴于你上面所看到的,为了带来自洽,承诺每天迈出小而美的一步。

- 让你爱的或钦佩的人支持你的行动,允许自己接受那个人的支持。

一旦采取了这些行动,你就释然了。内心放松了,你会感到平静。你停止了自身能量的消耗。

消除不自洽是至关重要的。然而,这样做只是为我们带来释然——一种中立的状态。很多人在这里彷徨了,就好像认为当自己摆脱了头痛就获得了幸福一样。释然只是为我们提供了一个良好的场地,让我们能够去积极地创造自洽的体验。这是我们找到和谐、意义、满足与自我实现的地方,是明朗之境出现的地方。

方法二:积极寻求和谐、意义、满足与自我实现

第二种方法也很简单,它是之前人生意愿和品格标准练习的扩展。这种方法要求你积极主动,有了它,你可以有目的地创造自己的一天。具体方式如下:

- 在一天的开始,拿出你的人生意愿和品格标准。

- 选择一个你今天愿意特别表现出来的人生意愿。(从一个开始,因为超过一个会让人混淆。)

- 此外,选择 2~3 个你今天愿意展示的品格标准。

- 在一张长宽比 5：3 的卡片上写下你的选择并随身携带。

- 在每次会面、谈话、发电子邮件或打电话之前,拿出这张卡片,问自己:"我是否愿意在下次互动中展示我的人生意愿和品格标准?"

- 如果你的答案是肯定的——目前我们假设它是肯定的——那就继续完成你正在做的事情,偶尔回顾一下今天的人生意愿和品格标准。

注意观察你在与人互动的行为方式上是否有变化。你还可以使用下面的表格来记录结果。

自洽的日常练习

邦妮是一位充满想法和创造力的聪明女性。我很感激她向我展示了她在日常生活中保持清晰、专注、从容和感恩的评估工具。下面这张表格中的基本思路由邦妮提供,我为了将自洽包含在内而进行了一些修改。这张表格可以支持你将这些原则付诸实践。你可以把它复制到一张纸上并重复做。

每日自洽表				

互动或事件：
人生意愿：
品格标准：
展现程度：1＝很少；5＝很多

	1	2	3	4	5
清晰					
专注					
从容					
感恩					

指　　南

1. 互动或事件：互动的具体内容是什么？是和同事开会，和母亲打电话，还是给朋友写电子邮件？如果你没有和别人互动，那就描述一下自己在做什么，比如画画、锻炼或者做饭。

2. 人生意愿和品格标准：你追求的是哪些人生意愿和品格标准？

3. "清晰"意味着你清楚你是谁、什么对你而言是重要的，以及什么是值得一玩的游戏。这也意味着你清楚他人的英雄之心是什么样子的。

4. "专注"意味着你将注意力集中在赋能他人的、空间富足的或与本体论有关的结论上，而非任由心猿摆布。将他人视为他们本身的英雄形象就是一个例子。

5. "从容"意味着行动是轻松的,无论是在边界上做一个项目,还是即将完成它时。当你行动时是自洽的,你就会感到从容。

6. "感恩"意味着你对这段旅程心怀感激,你知道你被内在原则引导,并且无论物理空间中发生了什么,你都能保持弹性和稳定。

7. 评论:请在空白的地方写下你注意到的任何细节。自洽是否出现?这是明朗时刻吗?你的身体或思想经历了什么?有什么好于预期的进展吗?如果没有,那你能看到之前没有看到的解决方案吗?

这里我是希望你衡量清晰、专注、从容和感恩,不过我并没有给你一个衡量明朗之境的方法。虽然这些品质是明朗之境的关键要素,但明朗之境大于它各个部分的总和。如果你表示愿意,它的出现会给你带来惊喜,但它却无法由从前的相似经验被按部就班地创造出来。

请使用你在这里读到的全部或部分内容,记住,重要的是那些小而美的行动。只要你重视了我们以上所探讨内容中很小的一部分,你的生活全息图就会被改变。这是因为无论你带着清晰、专注、从容和感恩做了什么,都会立刻增加你生活中的明朗。

第四步

培养感恩

第十二章　明朗之境的精神性

第十二章

明朗之境的精神性

通过表示愿意和感谢来对你的精神表示尊敬。

当我们的生命不再被光辉照耀时，就是我们的死亡时刻。这种光辉是恒定持久的，是每天恢复的，是一种无法溯源的神迹。

——达格·哈马舍尔德(Dag Hammarskjöld)

每当我和我的小组讨论"感恩"这个主题时，房间里的气氛就会发生一些微妙的变化。充满希望的感觉油然而生，我们感到自己似乎正在被比自己更加宏大的东西引导。我们也许可以称其为一种内心的智慧之声、一种直觉或者神圣的引导。当然，我们把它称作什么并不重要，重要的是我们感受到了某种超脱于物理空间的存在，它似乎能够引领我们穿透物理空间的高密度性、非恒定性和不可预测性。

我们将从几种不同的角度来理解"感恩"一词的特质。《因卡塔词典》首先将其定义为"精神的慷慨"。这一本体论特质说明它是通往明朗之境的基础之一。

在第二个定义里,感恩是上帝展示给我们的无限的爱、怜悯、恩典和善意。在接受迈克尔·汤姆斯采访时,约翰·谢尔比·斯潘(John Shelby Spong)主教通过解释使徒保罗看待感恩的方式阐明了感恩的本质,即无论我们做什么,我们永远为上帝所爱。[1]

不过,散文家、哲学家威廉·哈兹里特(William Hazlitt)提出了对于感恩的另一种理解,他称感恩为"灵魂和谐融洽的外在表现"。[2] 这个描述与"自洽"的定义非常相似,即采取行动,这种行动产生的结果能反映我们真实的自我。自洽的体验是一种让人感受到和谐、意义、满足与自我实现的体验。我们之前已经讨论过,当我们保持自洽时,最真实的内心就会被镜像反射到外部世界的行动中去。

在本章中,我们将会用到上述三种定义,来看看它们是如何与我们通往明朗之境的英雄之旅相关联的。实际上这三种定义涉及的是同一件事情,即如何运用精神原则来帮助我们在爱与期望的盛宴中醒来,让我们的行动能够反映自己的真实本性,帮助我们活出自己想要的人生。

这让我想起了跟一位客户的交谈。那是个暖和的夏日,我跟辛西娅通着电话,当时我正在指导她发展自己的培训业务。辛西娅正每天采取小而美的措施,当天她十分感恩于一位潜在的客户在商会社交活动中与她结识并在之后电话联系了她。

在与我交谈期间，辛西娅提起了一个她最近做的梦。"在梦里，我看到一群人围坐在一张巨大的桌子边上。这是一场正在进行的盛宴，一次盛大的庆典。其中有一些人从桌子边被推开，而且眼睛是闭着的；还有一些人则坐得离桌子近些，他们的眼睛也是闭着的；另外还有一些睁着眼睛的人，一边品尝着桌上的美味佳肴，一边和其他人交流。这些人中不乏来自各种精神传统的圣人和智者。时不时地有几个坐在桌旁闭着眼睛的人睁开了他们的眼睛，发现他们在一场盛宴上，然后便开始融入同伴，品尝美味。就在这一刻，坐在这几个人周围的人们开始为他们欢呼，欢迎他们加入这场盛宴。"

天堂会不会就像这场盛宴一样在我们面前展开？当我们感到空虚时，会不会缺乏的其实并不是精神食粮？薇拉·凯瑟说过："我们眼睛总是可以看见、耳朵也总是可以听见那些与我们相关的一切。"我们应该如何获得这些体验？

在继续之前，我想先说明一下，当提及"精神的"这个词的时候，我并不一定指其在宗教中的含义。我指的其实是所有人都拥有的一些恒定的属性，这些属性超越了我们日常的想法、感受和忧虑。换句话说，我们是从本体论而非心理学角度看待自己。我的朋友，也是我的导师约翰尼·科勒曼(Johnnie Colemon)牧师曾说："人们总说，我们是拥有人类生活体验的精神存在，而我认为，我们是拥有精神体验的精神存在。"[3] 说得多好啊！

我还想说明一下我对"原则"的定义。原则是一种指导方针，一个思想体系中重要的根本法则或假设，它向我们展示了某件事情运作的基本方式。因此，精神原则就是向我们展示如何唤醒自己的真实本性，如何看待和聆听本性的基本法则。我们可以在无数充满智慧的传统中找到这些精神原则，因为它们具有普遍性。我将通过嗜酒者互诫协会（Alcoholics Anonymous）的 12 个步骤来举例说明。尽管这 12 个步骤的设定是基于牛津组织对早期基督教的探索，但不管是否存在宗教关联，这些步骤都是上百万人成功使用过的精神原则。

精神原则：只要你用它，它就会有用……但怎么用呢？

尊敬的约翰尼·科勒曼牧师因为说过这么一句话而著名："只要你用它，它就会有用。"这句朗朗上口的话对嗜酒者互诫协会的 12 个步骤以及世界各地的宗教团体的相关制度都适用。我很欣赏这句话对于行动的强调。虽然我们也可以通过冥想精神原则受益，但要真正步入通往明朗之境的道路，我们就要活出这些原则，按照这些原则行动，言出必行。

我们如何知道自己是在以一种正确的方式运用精神原则呢？我们如何确认自己在正确的轨道上呢？成功人士会

带着清晰、专注、从容和感恩去做对他们而言有意义的事情，他们中的许多人学会了如何以极为有效的方式运用精神原则。只要你将以下几点加入你的明朗之境工具包中，你也能做到。

不论去哪儿都带上你表示愿意的能力。在这本书的开始，我们讲到了表示愿意这件事。这是可以为你所用的最强大的精神原则之一。它是精神的，因为它把你和你那些可以用于摆脱困惑和忧虑的能力联系在了一起。拥有它，你就可以对自己英雄之路上所有遇到的事情说"没问题"。

大卫是奥马哈的一名按摩工作者。有一次，他刚刚做完几个小时的按摩工作，嘴角带着微笑，皮肤散发出淡淡的薰衣草香，他告诉我"表示愿意"如何帮助到了他。"表示愿意帮助我从精神上变得柔软。我的意思是，我变得不那么在意事情是否完全按照自己的设想发展，我不会因为事情超出设想而咬牙切齿。最先开始发展按摩业务的时候，我需要寻找场地，我表示愿意接受他人的帮助。我征求意见，并且通常会接受这些意见，而不是像我以前那样总是对他人给出的建议表示'是的，但是……'，这一变化的结果是每个人都成了我的守护天使。"

当你处于柔软状态的时候，你就会变得灵敏且有弹性。你能够根据物理空间中萦绕的能量来见机行事，你能够对无法预测的环境变化更快地作出反应，因为你已经不再被特定的行动方案牢牢束缚。你可以说"没问题"，然后与当下遇到的各种情况一同起舞。

在运用精神原则之前,请确保它是一条原则而非规则。规则和原则都很重要。显然,你首先需要了解值得一玩的游戏有哪些规则,才能成功开始这项游戏,不过这不是我们在此要关注的内容。这里有一个更为微妙的差别,无视这个差别会给我们的生活带来麻烦。这一切都始于心猿。

心猿和一个 9～11 岁的孩子具有相同的情感、精神和道德发展水平。这种思维水平的一个特点是它非常具体。你尝试过与一个孩子谈论他行为背后的原则吗?他迷惑的眼神并不是一种反对,而是他确实不理解,他不知道你在说什么。举例来说,一个 9 岁的孩子不去偷东西的原因实际上就是这个孩子知道自己可能会惹上麻烦,而不是因为诸如自洽或者不自洽的根本原则。

现在回到我们自己的生活上。如果你遵循一条精神原则,却通过你的心猿固有的方式来执行,那么原则就会变成规则。你会发现,这条规则不仅不会帮助你发自内心地有所行动,反而会成为沮丧甚至是恐惧的源泉。请听我为你解释。

人有一种本能,即希望自己能够帮助别人过得更好。在《金钱的灵魂》(*The Soul of Money*)一书中,资深筹款人、全球活动家琳内·特威斯特(Lynne Twist)一再提及,我们有一种基本的愿望,就是将自己所拥有的分享给他人,从而为他人的生活带来改变。[4]她在书中讲述了许多人为了实现这一目标义无反顾的故事。

在宗教团体里，存在着一种回馈精神营养之源的自然愿望，叫作"什一税"，它是自我赋能的基础。然而，当心猿开始诠释什一税背后的精神原则时，赋能常常就无法顺利进行。

可以通过这样的方式来看待什一税背后的精神原则：它为我们提供了一个机会，一个展现慈悲之心、慷慨之心和感恩之心的机会。简单地说，我们得以展现自己的英雄之心。我们可以看到，在交什一税时所得到的回馈是即时的。交什一税本身是一种能力，其本身就是一个展现我们本体论本质的机会。当回馈滋润我们的源头时，我们会睁开眼睛，看见一直等待我们加入的明朗之境的宴会，然后和圣贤们一起开始用餐。

不过，什一税在心猿手中会呈现出不同的特征。首先就是这样一种观念：如果我付出金钱，那么将来我应该得到回报，比如更多金钱、新的人脉或者新的商机。

付出的同时带着未来能有所得的期望并不是在运用原则，而是在讨价还价、患得患失。你不能运用原则来达成这样一种交易。事实上，精神原则与未来无关，因为在想象空间中，并不存在线性时间的概念。当我们专注于以后想要得到的东西时，就看不到自己的生活在当下会如何发生全息图式的变化。我们将专注于未来的回报，而看不到在我们作出贡献的那一刻自己被赋予的财富。

　　如果你还记得我们之前关于结论和证据收集的讨论，也可以这样来理解：付出的同时带着未来能有所得的期望会得到"最好的还没有到来"这一结论。我们等待着，同时用手打着拍子，逐渐变得不耐烦，甚至开始变得沮丧、逃避以及愤世嫉俗，但就是看不到当下就是最好的。没错，就是当下。

　　更进一步，心猿会说，如果我们不交什一税的话，可怕的事情将会发生。我们会遭遇不好的结果，并且失去自己想要的机会。但精神原则并不分好的或坏的、积极的或消极的，那些判断都是心理层面的，与精神原则不在同一个层面。不交什一税会怎么样？你仅仅是会花更多的时间在桌边紧闭双眼。

　　所以，现在让我们来总结一下精神原则与规则之间的区别：

● 规则是你感觉外部强加于你的东西。如果你不遵循它，不好的事情将会发生。这一点在某些领域中确实是对的，比如你在开车的时候，但是我们所有人都对规则有种潜在的反应：规则是用来打破的，或者至少是可以被避开的。

● 精神原则是来自内心的。你听到的是自己的智慧之声，而非心猿之声。当你听从智慧之声时，你会醒来。你将体会到的是感恩和一切安好的感觉，或者感受到某种可能性的到来。你的身体会放松下来。当你不遵循精神原则时,你会感到平淡无味。你并不会受到什么惩罚,实则你更像是处于一种中立状态:没有得,也没有失。

想知道什么时候你是在听从心猿,什么时候是在遵循精神原则吗?如果你的心脏附近、胸口四周感到很紧绷,或者你感到担心、恐惧,又或者你在思考对与错、好与坏,那很可能是你的心猿在说话。如果你体会到的是一种豁然,感受到迷雾消散从而能够比先前更清楚地看见事物,同时产生了一种行动的可能性,那便是精神原则在起作用。

精确地练习精神原则。在广受欢迎的系列电影《哈利·波特》(*Harry Potter*)的某一部中有这样一个场景:所有年轻巫师都坐在长桌旁学习如何施悬浮咒,但当他们挥动魔杖时,什么也没发生,然后赫敏精确地说出了咒语——羽加迪姆勒维奥萨(Wingardium Leviosa)——继而产生了预期效果。

在日常生活中练习精神原则的人告诉我,如果你想让原则产生它应有的功效,就必须精确地按照它的方法练习。这往往并不像听起来那么简单。我不太清楚你的情况,但我自己的心猿总是会制造出很多漂亮精美的"装饰",来挑战和检验我的精神原则是否可靠。

我的朋友保罗用他自己的故事呼应了我的感受。有一天晚上,我们在丹佛机场坐着候机时他向我倾诉道:"你知道的,我参加了嗜酒者互诫协会的 12 个步骤项目。我有一位世界上最有耐心的资助人,他就像一位真正的圣人。三年前我刚刚加入这个项目的时候,我会跟他进行激烈的争论,争论为什么戒酒一定要一个一个步骤地进行。不过事实上他根本不会真的和我争论,他只会在一旁享用着薄饼早餐,同时给我一个大大的微笑。我记得有一天,他轻声地笑着对我说:'我猜接下来你想把整个戒酒步骤都重新设计一遍,对吗?'后来我才发现自己当时完全不懂如何练习精神原则。不过现在我明白了:必须做到精确,不要加入自己的小想法。"

对精确的强调并不是要让我们成为难解的棋局中的棋子。这其实是一种把心猿的"但是如果这样呢?"以及"难道我们不应该也……"这类声音压下去的方法。精确能让事情简化,而心猿让原本不复杂的事情变得复杂。

同时,精确也是一个很实际的概念。在之前的章节中,我提出过当你想要在自己的英雄之路上拨开迷雾的时候,需要使用的表述是"表示愿意"而非"意愿"。多年来,一直有人问我这种做法是不是太吹毛求疵了。我能够理解他们的想法。我之前也以为这只是我个人的想法,直到我发现"表示愿意"才能产生预期效果,而"意愿"并不能。

你现在已经拥有了一些本体论工具:品格标准、人生意愿、本体论问题列表以及恰当地看待他人的方式。所有这些工具都为你处理物理空间的复杂性提供了方案。如果你用正确的方式带着它们练习,那我保证你会在生活的几乎每个领域体验到清晰、专注、从容和感恩，而且可能会比你预期得更快！

根据原则行动起来。只有当你在日常生活中不断展示一项精神原则的时候，你才能宣称已经完全掌握了它。我们敬仰的人鼓励我们将想象空间中的东西带入物理空间：特蕾莎修女的座右铭是"爱蕴于行动"；我们也听过"善待你的脚，让它动起来"的说法；詹姆斯的书告诉我们"没有行动的信仰是死的"。一项普遍的共识是，宣称完全掌握某种事物的唯一方法就是展示它，而不是仅凭知识或者意志。

尤其是不能仅凭意志。我们会倾向于相信，如果我们用足够大的力气将想法集中到自己想要的方向上，渴望的结果就会自然发生，就像是被磁铁吸过来一样。这样的结果就是，我们可能会花许多时间去构思梦想，而不采取任何行动去实现它们。然而，没有行动的想象和没有行动的意愿一样，只会导致沮丧、逃避以及愤世嫉俗。

本体论世界不是魔法世界，不是赫敏的咒语。专注的行动会带来明朗之境。我们将注意力集中在对自己而言重要的结论上，接着我们的行为就会自然地与其保持一致。我们关注自己的人生意愿、品格标准以及他人的英雄品质，就会根据这些内容来行动。我们拷问自己是谁、自己身在何处，迷雾就会消散，让我们可以驶进正确的车道，避免在精神上"出车祸"。

当我们被动地运用精神原则的时候，我们会成为精神上的杀手。例如，这些年我曾经被无数次地问道："我怎么才能变得更有钱？"我的回答是："你是说除了努力挣钱、存钱、明智地投资、节约之外的其他方法吗？"你必须行动起来。我们知道，在财务上取得成功也可以是一项人生意愿。说到做到，以清晰、专注、从容和感恩的方式，在金钱问题上也是一样。行动可以推进值得一玩的游戏，这不是一个被动的过程。物理空间关乎行动，可以看见结果，想法在这里得以实现。

不过，只有行动也是不行的。我们说没有行动的信仰是死的，但没有信仰的行动也只会让人精疲力尽。我们会变得疲于奔命。生活会变成一个接一个的任务清单，而有意义的生活是不会让人精疲力尽的。这听起来可能并不容易，但我们可以从容地去做。其实想要做到也不难，只需要确保你在物理空间中采取的行动是根据你在此刻被赋予的原则进行的，就大功告成了。

将关注从责任转移到荣幸。许多年前，在加州伊萨伦学院（Esalen Institute）一次由我主持的讲座上，我从一个参与者那里听到了以下故事。当时我们正站在绿草如茵的悬崖边，俯瞰着平静的太平洋。日落景色非同寻常：下面是火红色的云彩，而上面是宝蓝色天空中刚开始显现的星星。这景色与菲尔告诉我的故事完美契合。

"我父亲去年去世了。我们很幸运，因为直到最后他都很清醒，没有太多痛苦。在他命不久矣的时候，我们把他从医院带回了家,让他可以在熟悉的环境中离去。一天下午,我在他身边给他念诗。他对我说:'菲尔,很奇怪,很多事情对我来说看起来不一样了。从前我抱怨或者视为沉重负担的事情,现在看起来都像是一种荣幸,甚至是诸如丢垃圾或者缴纳所得税之类的事情。我曾经把它们视为巨大的责任和负担。我多么希望自己当时就能把它们视为荣幸啊!'"

"大约一个月后,我父亲去世了。我一直牢牢记着他的话。每当我想要抱怨自己要做的事情时,我都会迅速打住。神奇的是,连上周带我八岁的儿子去看牙医我都真心觉得是种荣幸!"

在第七章中,我们了解了四格模型,这一模型告诉我们如何创造自己的生活体验。我们了解到,无论我们自己是否意识到,大脑都在不断形成关于所有事物的结论。我们还了解到,一旦我们专注于这些结论时,大脑就会开始收集证据以支持这些结论。如果你专注于被称为"责任"的结论,那么你的大脑就会收集证据以证明自己承担着多少责任。这条思维路径将会被反复磨损和消耗。

我们会进一步发现,我们当下专注的结论都会立刻体现在自己的行为当中。我们的语言和非语言行动都是不由自主的。当我们持有"我有责任"这一结论时,生活将如何发展并不难想象:我们会感到压力巨大,不会存在太多愉悦,更不用说深呼吸的空间。我们可能都没有察觉自己已经变成了整天绷着脸的人。责任的同义词有工作、义务、任务等；荣幸的同义词有自由、机会、权益等。你会选择责任还是荣幸呢？

请尝试连续 30 天用荣幸替代责任，并且观察你与所爱之人、同事或朋友之间的关系发生的变化，观察自己在生活中的表现以及他人的反应。我敢打赌，你将注意到可能性、人际关系和愉悦的出现，并且拥有更多能量。

不要满足于快乐。 精神原则将我们置于明朗之境而非快乐的领域。还记得我小时候在母亲面包店的例子吗？我把手臂伸入一大桶巧克力是一个快乐时刻，而我用在面包店打工存下的钱为我的母亲购买有意义的母亲节礼物才是一个明朗时刻。

这本书读到现在，你应该已经感受到我对快乐是完全不抵触的。（你肯定也已经注意到我对巧克力也是完全不抵触的！）但当我们满足于快乐，或者把快乐视作目标的时候，就会停留在想法和感受的心理领域，我们会受制于这里不断变化的天气（更不用说还有烟雾和迷雾）。我们可以做得更好。

思考你能作出的贡献。 关于做得更好，我想在这里明确指出我们在探索明朗人生的过程中蕴含的一个道理，那就是明朗之境的最终目的是要去发现对他人作出贡献的方法。从这点来看，英雄之旅是一次真正的精神之旅。

约瑟夫·坎贝尔曾说，英雄的终极境界是他从旅途中带回使社会受益的礼物。其他传统中也有相同的理念。在

12 个步骤的传统中，服务的精神是其背后的原则。圣弗朗西斯的祷告词就和成为使他人受益的存在有关。在精神之路上，我们需要深入内心寻找对自己而言重要的东西，同时也要向外走，在物理空间里做出不仅对自己的生活有益，也对他人的生活有益的事情。

哪怕是个人的追求也可以成为贡献。因为我们都是通过人际关系网联系在一起的。每个人都会受到那些逐梦人士的启发。在之前的章节中，我们看到过父亲对绘画的追求丰富了他的家人的生活，了解过请他人支持你反过来也成为让他人有所作为的机会。毕竟，人们的内心深处最想确认的是，自己的存在是非常有意义的。

我之前讲述过，在一场演讲中，我是如何将观众的注意力从我蓬头垢面的模样转移到我能为观众作出贡献上的，我也因此将一场潜在的灾难性演讲转变为成功的演讲。我建议你也花点时间反思一下，自己的梦想、游戏和目标是如何在他人的英雄之旅中鼓励他们的。这样一来，在你真正付诸实践的时候，你的行动会为你带来更重要的意义。

培养感谢的习惯是获得感恩的关键。不久前，我很幸运地参观了科罗拉多州的迈尔希教堂（Mile Hi Church）。在那里，我听到高级牧师罗杰·泰尔（Roger Teel）博士讲的关于一位女士的故事。尽管这位女士双目失明并身患疾病，但她仍然认为自己是"世界上最富有的女人"。这是一个鼓舞人心的故事。这位女士常年生活在一辆小型房车里，无法自由地走动拜访好友。她的丈夫去世了。在外人看来，她应该感到悲伤和沮丧。然而，大家都很高兴来拜访并照顾她。他们想在她身边，看她富有感染力的笑容，听她温柔的笑声。很显然，她在为自己所感激的一切事物收集证据。

通过提升情绪并对周围的馈赠敞开心扉，一个人可以有力地对抗疾病和悲惨的状况。通过感恩，我们会自动将自己置于通往明朗之境的道路上。

有一点看起来可能很矛盾，即感恩的精神原则与我们所处的物理环境几乎无关，而跟变得"精神上柔软"密切相关。感恩就是要变得坦率和脆弱。

我是说了"脆弱"（vulnerable）吗？是的，你没有听错。在看待这点的时候，有一种方式不会吓到你或者唤醒你的心猿。从精神的角度来看，表示脆弱好比是让生命之风在你的心弦上自由吹过。它意味着变得可渗透——让生命渗透进来。这是不是听起来很像表示愿意？

当我仔细地观察那些我认为是导师或者指路人的眼睛时，我发现了一件非常有趣的事情：他们都表示脆弱且不设防。我在观察圣雄甘地、马丁·路德·金、特蕾莎修女、帕拉宏撒·尤迦南达、默特尔·菲尔莫尔和埃莉诺·罗斯福的照片时都看到了这一点。关于表示脆弱，我是说他们允许生活以自己的方式顺其自然地推进。关于不设防，我是说当你发现自己并没有任何事情需要设防的时候，就可以停止把能量消耗在设防上。

试想一下,如果我们没有把能量用在自我设防上,如果我们能彻底意识到其实没有什么事情需要去设防,那将能省下多少能量。想一想你可以怎样更好地利用省下来的能量。当我们愿意表示脆弱和不设防的时候,感恩是最容易实现的。

心猿则会怒斥感恩。它会告诉我们最好小心点,不要放松警惕,否则可能会发生很可怕的事情,那时我们将毫无防备。

因此,为了培养感恩,要先从小而美的措施开始。培养感恩的改善方法是:

- 每天晚上,列出你想感谢的 3 件事情,记录在床边的笔记本中。这些可能是白天发生的事情,例如看到美丽的日落、收到朋友的来信或意外的支票,也可能是发现你的孩子、丈夫、妻子或伙伴身上的某个闪光点。

- 确保花点时间让自己与你想感谢的事情进行连接,让你的肌肤贴近它的质感。比起随便列出 40 件想要感谢的事情,好好体会其中一件更为重要。

- 如果你听到心猿说:"我想不出今天有什么需要感谢的事情。"那就告诉它:"好的,知道了。"然后将注意力转移到你希望感谢的 3 件事情上。

这一简单的做法会训练你为感谢收集更多的证据。你可能还记得，你这么做的同时也在创造新的突触路径。通过这样的训练，你在指挥你的大脑进行调整，去搜寻证据，搜寻那些在你的生命中起作用的东西和对你而言重要的东西。这是一种微妙而强大的再定位。试一试吧，看看效果如何！

明朗之境的道路将我们引领至此

我们从来不是孤独的冒险者，因为在我们之前有着各个时代的英雄。迷宫的全貌已然展开，我们只需要沿着英雄走过的道路前行。在我们原以为可憎的地方，我们将发现神迹；在我们原以为要置他人于死地的地方，我们将杀死自己；在我们原以为可以走出去的地方，我们将来到自我世界的中心；在我们原以为孤独的地方，我们将与全世界在一起。

——约瑟夫·坎贝尔

现在你就要结束在本书的旅程了。在此之前，让我们花点时间来回顾那些我们走过的风景。

我们探索了什么是明朗之境。明朗之境是一种充满可能性和希望的感觉，一种一切安好的感觉，我们知道自己已然拥有在英雄之旅中取得成功所需的一切。在明朗时刻中，我们既不追悔过往，也不忧虑未来。我们抱着一颗感恩之心,感恩此时此刻我们能够成为当下的自己。

我们理解了明朗时刻并不等同于快乐时刻。它们本质的区别在于,在明朗时刻中,我们正在进行值得一玩的游戏,伴随着值得追求的目标。在这样高质量的游戏中,我们是鲜活而柔软的,随时准备着将自己投入具有高密度性、非恒定性和不可预测性的物理空间中。明朗时刻给生活带来了价值感和目的感。我们发现,和过往的故步自封相比,我们有着巨大的成长空间。我们只需要加入那些对我们而言最重要的游戏,就可以塑造自己。

我们发现了那些可以让自己超越怀疑、焦虑和评判的内在品质:我们的人生意愿和品格标准。这些是本体论所涉及的内在品质,它们指向一种存在的状态,而不是心理上的思考和情感。我们的人生意愿和品格标准是我们通往明朗之境的指路标,就像牧羊人的手杖一样,让我们能够在正确的道路上前进。当我们有沮丧、逃避以及愤世嫉俗这些不自洽的感觉的时候,我们就知道自己暂时偏离了道路。不过,我们学会了如何让自己重新回到正轨,继续前进。

我们看清了游戏场地的本质。那是想象空间,是思想、梦想、愿景和价值的故乡。我们知道了必须在真实的物理空间中进行游戏。有需要实现的目标,就有需要跨越的边界困难。我们明白了想要掌控人生其实离不开这些障碍,因为如果没有障碍,那么掌控力再强也没有意义。因此,跨越边界困难的人生经验对我们自身能力和精神的成长而言至关重要。

在边界处我们遇到了心猿,它是我们思绪中总在喋喋不休的那一部分。它总是警惕着任何可能导致危险的因素,这是我们人类自古以来就拥有的生存本能的自然延续。这也是为什么它总是力劝我们放弃英雄之旅,或者让我们至少等到舒适再说。不过,我们也看到,明朗人生并不一定意味着舒适的生活。相反,在朝着人生目标前行的过程中,我们可能会变得很不舒适。

一路走来,我们知道了一些很好的方法,这些方法让我们能够仔细观察自己的生活,拨开迷雾提升自己的认知,并且看清他人内心真正的样子。这些方法给了我们深呼吸的空间,我们得以将注意力转移到那些对我们而言最为重要的结论上,而不是停留在那些阻碍我们通往明朗之境的结论上。我们明白了在日常生活中,我们的大脑将不断地收集证据来支持它所预先设定的结论,而且大脑比我们想象中的更加具有可塑性。

我们有了一个惊喜的发现:当我们的行为表现不能反映出真正的自我时,我们就会产生沮丧、逃避以及愤世嫉俗这些不自洽的感受,但我们的不自洽也恰恰反映了我们内心的美好。这是因为,如果我们没有人生意愿和品格标准,那不论我们做了什么,都不会有不自洽的感受。

我们学习了如何将从容带入游戏,如何采取小而美的措施来绕过心猿,以及如何将精力专注于英雄之旅的每一个阶段,从而充满可能性和希望地实现自己的人生目标和理想。

现在迷宫的全貌已经展现在你的面前。愿你拥抱你的英雄之旅,对你的梦想说"没问题",对你的生活说"感谢你"。在通往明朗之境的道路上与你同行这一段,是我的荣幸。

致谢

本书的创作离不开他人的支持。在此，我以深深的感恩之情感谢所有对我和本书产生了深远影响的人们。

首先，衷心感谢那些来自不同精神和智慧传统的导师们，在此无法一一列举他们的名字。我要特别感谢那些给予我本书创作灵感的精神导师：约瑟夫·坎贝尔（他写道：我们的英雄之路早已铺就，只需勇敢前行）、帕拉宏撒·尤迦南达、约翰尼·科勒曼牧师、索甲仁波切、佩玛·丘卓。还有本书中提到或引用的其他灵魂引领者，感谢他们为我指引了前行的方向。

成千上万的教练学院课程参与者，特别是《掌握生命的能量》课程的学员，帮助我进一步厘清了本书中的原则。他们一直以来都是我的灵感之源，将激励我继续前行。

我对出版界为本书的出版提供支持的伙伴们也怀有深深的感激之情：Inkwell Management 的 Kim Witherspoon 和 Alexis Hurley，他们不断地鼓励我继续写作；Marc Allen

迅速地把握住了出版契机；编辑们——Georgia Hughes、Yvette Bozzini、Kristen Cashman 和 Priscilla Stuckey——细心打磨手稿，使之焕然一新。

我的教练 Sally Cooney Anderson 在温柔地支持我的同时，也坚定地让我坚持到底。书中原则的完善与本书的不断推进，离不开卓越教练学院团队和社区成员们的倾力支持：Beth Ann Suggs、Wayne Manning、Nicolette Bautista、Sally Babcock、Margi Mainquist、Carole Rhebock、Ward Peters、Carolyn Ingram、Patrick Davis、Ann Schumacher、John Harrison、John Smith、Chuck Iverson、Michele Vesely、Tina Weinmeister、Susan Gnesa、Nancy DeCandia、Sheree Keely、Erick Hill、Lilly Stoller、Julie Stanek、Kris Wiley、Karen Grigsby、Mary Tumpkin、Diane Philpot、Harry Morgan Moses、David Thomas、Marti Bolton、Julie Bowden 和 Linda Rusch。同时，我深深怀念那些热爱这项事业但已不在我们身边的伙伴：Ally Milder 和 Donna Westmoreland。事实上，我完全可以再写一本致谢书。希望未被提及的朋友们能够理解，在我这个年纪，心中的感激之情远超出我的记忆所能容纳的。

家人们陪伴我走过了写作中的风风雨雨，给予我无条件的支持：Rita Saenz；Gloria 和 Arnold Stone；Lisa、Chuck、Rachael 和 Bea Simon；Toni 和 Jerry Yaffe；Susan 和 Andrea Saenz，还有 Andrea 的丈夫 Dan Pawson。我深深地爱着你们，也感谢你们每一个人。

参考文献

引　言

1. Willa Cather, *Death Comes for the Archbishop* (1927; New York: Vintage Classics, 1990), 50.

第一章　明 朗 地 活 着

1. Maria Nemeth, *The Energy of Money: A Spiritual Guide to Financial and Personal Fulfillment* (New York: Ballantine Wellspring, 1997).

2. Joseph Campbell and Bill Moyers, *The Power of Myth* (New York: Doubleday, 1988; reprint: Anchor, 1991), 186.

3. Campbell and Moyers, *The Power of Myth*, 283–284.

第三章　值得一玩的游戏

1. Thich Nhat Hanh, *Essential Writings* (Maryknoll,

NY: Orbis Books, 2001), 19 - 20.

2. Sogyal Rinpoche, *The Tibetan Book of Living and Dying* (San Francisco: HarperSanFrancisco, 2002; reprint, 2004).

第六章 品 格 标 准

1. See, for example, Martin Heidegger, *Ontology: The Hermeneutics of Facticity* (Bloomington, IN: Indiana University Press, 1999).

第七章 选择你自己的结论

1. Malcolm Gladwell, *Blink: The Power of Thinking Without Thinking* (New York: Little, Brown, 2005).

2. Gladwell, *Blink*, 23.

第八章 你关注的是什么?

1. Ram Dass, in an early interview with Michael Toms, available at http://www. newdimensions. org.

2. Mother Teresa quoted in Wayne Teasdale, *The Mystic Heart* (Novato, CA: New World Library, 2001), 109.

第九章 能 量 的 效 率

1. Joseph Campbell, *The Power of Myth* (1988; New

York: Anchor, 1991), 19.

第十章 关键在于如何玩游戏

1. Robert Maurer, *One Small Step Can Change Your Life: The Kaizen Way* (New York: Workman, 2004).

第十一章 整合归一

1. Pema Chödrön, *Start Where You Are: A Guide to Compassionate Living* (Boston: Shambhala, 2004), 78.

2. Michael Talbot, *The Holographic Universe* (New York: Harper, 1991; reprint, 1992), 20.

3. David Bohm, "The Enfolding-Unfolding Universe and Consciousness," in *The Essential David Bohm*, ed. Lee Nichol (New York: Routledge, 2003), 97.

4. Talbot, *The Holographic Universe*, 52.

5. Robert Maurer, *One Small Step Can Change Your Life: The Kaizen Way* (New York: Workman, 2004).

第十二章 明朗之境的精神性

1. Michael Toms with John Shelby Spong, Radical Reformation and a New Renaissance, audio program available at http://www. new dimensions. org, programs 2798 and 3098.

2. William Hazlitt, "On Manner," available at http://en. wikiquote. org /wiki/William_Hazlitt.

3. Johnnie Colemon said this to me in person, but her book *Open Your Mind and Be Healed* (Los Angeles: DeVorss, 2000) presents her teachings in detail.

4. Lynne Twist, *The Soul of Money: Transforming Your Relationship with Money and Life* (New York: Norton, 2003).

图书在版编目（CIP）数据

掌握生命的能量：迈向明朗人生的简单步骤 / (美) 玛丽亚·尼梅斯著；《掌握生命的能量》项目组译. 上海：上海教育出版社，2025.1. — ISBN 978-7-5720-3178-6

Ⅰ. B848.4-49

中国国家版本馆CIP数据核字第2025HZ1466号

上海市版权局著作权合同登记号 图字09-2024-0770号

责任编辑　袁梦清　陈杉杉

封面设计　周　吉

掌握生命的能量：迈向明朗人生的简单步骤

[美] 玛丽亚·尼梅斯　著

《掌握生命的能量》项目组　译

出版发行　上海教育出版社有限公司

官　　网　www.seph.com.cn

地　　址　上海市闵行区号景路159弄C座

邮　　编　201101

印　　刷　上海昌鑫龙印务有限公司

开　　本　889×1194　1/32　印张 8.25

字　　数　152 千字

版　　次　2025年1月第1版

印　　次　2025年1月第1次印刷

书　　号　ISBN 978-7-5720-3178-6/B·0081

定　　价　35.00 元

如发现质量问题，读者可向本社调换　电话：021-64373213